U0476324

创造力的艺术

陈肯林 著

武汉出版社

（鄂）新登字08号
图书在版编目（CIP）数据

创造力的艺术 / 陈育林著. — 武汉：武汉出版社，2024.1
ISBN 978-7-5582-6002-5

Ⅰ. ①创… Ⅱ. ①陈… Ⅲ. ①心理学－通俗读物 Ⅳ. ①B84-49

中国国家版本馆CIP数据核字（2024）第001722号

著　　者：陈育林
责任编辑：赵　可
出　　版：武汉出版社
社　　址：武汉市江岸区兴业路136号　　邮　　编：430014
电　　话：(027) 85606403　　85600625
http://www.whcbs.com　　E-mail: whcbszbs@163.com
印　　刷：武汉鑫佳捷印务有限公司　　经　　销：新华书店
开　　本：787 mm×1092 mm　　1/16
印　　张：16.75　　字　　数：300千字
版　　次：2024年1月第1版　　2024年1月第1次印刷
定　　价：69.00元

版权所有·翻印必究
如有质量问题，由本社负责调换。

谨以此书献给我的父母，感恩父母给予我所有且不断给予我更多！

变化是生活的法则，而那些只关注过去或现在的人肯定会错过未来。

——约翰·F.肯尼迪

前言
没有最好的年代，只有最好的状态

经历过改革开放前物资匮乏的人，想起过去艰苦的日子常常心怀丰沛的感慨，今天所享受到的经济成果是社会经济发展的一个奇迹，来自每一个中国人的刻苦精神和创造力。在这片土地上，我们拥抱多元文化，创造新事物的活力不断……

时间的步伐静悄悄，不经意间世界变了个样。不速之客新冠疫情让我们意识到世事难料。2020年以来，它让世界经历反复循环的影响，即使许多人有足够的心理准备，还是觉得刻骨铭心，就像小孩学习走路一样，跌倒都是为了日后更好地站立起来，因为除了拥有强壮的身体，还要有埋藏于我们内心的力量。相信真正意义上的赢，一定是内在力量的彰显。没有任何病毒能够把人类击垮，全世界人民也正用信心和智慧做回击。

事实上，较之世上任何力量，内在力量既丰富又强大，它给外在的世界提供了无限的可能。当人们更加理解和运用自己的资源，他们对未来之路就不会模糊不清。现实是意识的产物，能力、信念、意志和精神能提供因果关系。既然所有的行为和意志都是受自己的控制，我们就需要为自己的人生承担责任。最危险的永远不是动荡的环境，而是我们动荡的身心。这注定是一场身体和意志的消耗战，我们要先在内在的狭小空间里作战，把自己训练得无懈可击。

孩童的时光虽无忧无虑，可毕竟没有太多的人生自主权，现在我们的身体和心理都比过去更加成熟，比未到来的衰老要敏锐。从这点看我们已经身处最好的时代，心智模式不断优化和升级，即使在挑战之中，意志也会更加清晰、真实和全面，并且有许多创造性的东西被不断地激活。我们可以接受现状，但别忘了人生的终极意义，清晰意识到有许多人类智慧的结晶是需要坚守和连接的，比如爱、正直、诚实、真理、公平、自由、勇敢、创造力，等等。

每一个结晶都是时时刻刻透进缝隙的阳光，也是人生追求至高无上的意义。我们无论遇到怎样的现实局面，不需要用太多的科技和信息，都能够从问题中找到清晰的答案，逐渐从被动变为主动，从匮乏变为丰富，重新保持必要的宁静和尊严。若你觉得人生毫无希望了，那么不是没人爱你，也不是只有你遭受创伤，而是你活在一个心灵透不进光的地方。人性的本质是趋利避害，我们要做的就是让自己尽快连接上智慧的结晶，这需要一个过程，但一定要大胆地去建设。有了美好的内在品质时，就能一起觉醒和超越，方寸之间依然能够创造出无限的可能性。

是高品质的成长意识把你带到这里，我们都有同样的意识，连接是必然发生的，至于接下来要发生什么，我也非常好奇，我们做的任何学习，都会将生命转向到一个全新的境遇。我最明显的身份标签是NLP导师，有13年研究学习传播神经语言程序学（NLP）的经历，跟这一门学科已经建立了很紧密的关系，也正是这样的缘故，我深深为NLP的源头学问艾瑞克森催眠而着迷。2013年NLP导师班毕业以后，我只身去台湾跟斯蒂芬·吉利根博士学习"生生不息的催眠"，难得遇到这样的老师，他对课程倾注了丰富且深层的情感，幽默而深刻，总是在不经意间触动人内心柔软的部分。这本书的灵感很大一部分来自吉利根老师，我内心特别感谢他。记得和吉利根老师一起共吃了六次饭，最近的一次是2019年在罗伯特·迪尔茨的旧金山家里，与他交流一些有趣的事。比如在台湾第一次自我介绍的时候，需要每个学员说出自己的职业，那个时候我刚从部队退役，我站起来半开玩笑地说，我是专门研究如何攻击你们的，搞得全班哗然一片，听说老师有时会拿我这个故事在课堂上讲。这也是他的厉害之处，在世界各地讲学，他善于攫取他人的故事并分享

前言

给学员，我也从他的身上学到许多授课的本领。有一次，我们在洗手间相遇，我客套地说了一句：Hello teacher（老师好）。他一本正经地对我说：Do you come often（你经常来吗）？这就是催眠大师，永远都有出乎你意料之外的语言。那段时间我觉察到身心发生了一些改变，开始为自己负起更大的责任来。我们看到数学讲究的是规律，而催眠更像是艺术，更像是一颗美丽的珍珠，需要透过心去欣赏和感受。在讲课中我常去寻找那种感觉，体悟吉利根是在怎样的意识里有这样的一个突破，从而实现理念和技术保持正确和完整的结构。

用一个词来概括"生生不息的催眠"，那就是——创造力。创造力是一种高品质的意识，帮助我们持续生长出让生命优化的能力。每个人都希望在自己的人生中有一个很棒的职业关系，在事业上有更大的成就，能更好地表达自己；拥有更美好的关系，意味着人生拥有更多的幸福和爱，比如婚姻关系、亲子关系。品尝到这些美好的关系，是要做出很多很多努力的，如果抗拒创造力，就会把局限转嫁到身边的人，比如我们的伴侣、孩子和员工等。包括跟自己的关系，我们感觉到身体有活力吗？感觉自己的身体健康吗？最后是关于精神层面，活在自我当中，我们可能也会很快乐，可是这是不够的，人需要为社会多做一些贡献，这样生命才真正有意义。这也是我为什么写这本书的原因之所在。

按照前人已经走过的轨迹，是比较容易到达预设的目标的，无论我怎样做，即使有一些自己的发现，那也不完全是我的功劳，比如吃着一颗颗鲜甜的果实，最应该感谢的是种果树的人。当我们一起来探索人类最珍贵的品质之一"创造力"时，请记住那些充满创新力和想象力的前人：米尔顿·艾瑞克森、理察德·班德勒和约翰·格林德、维琴尼查·萨提亚、格雷戈里·贝特森、波尔斯以及我的恩师张国维博士、史蒂芬·吉利根博士。

研究艾瑞克森所做的咨询个案，我常惊叹他为何如此有创造力？以及为什么很少有人可以这么做？同时也关注到人们的意识是相通的，通过学习艾瑞克森在治疗上的创造力，就能掌握创造力的产生或规律。若不能在自己的领域有创造力，那么很难在其他方面触类旁通，我们的工作就是从艾瑞克森催眠和 NLP 开始，去探索如何去连接创造力意识，如何激发丰富的想象力。没有人会一生帮助我们渡过难关，越早与创造力意识接触，这样的人生就不会太难。

我立志写许多本书，原本却没计划写这本书，之前意识并没有延伸出来。随着对神经语言程序学和催眠技法的不断学习和累积，我在一些地方开始变得有期待，这种期待也变得充满生机，于是从"创造力"这个地方做一些更深入的探索。自从走上创造力的探索之旅，我开始意识到最可能的事情还没有到来，就是觉得任何时候人生都有全新的想法梦想，并使用这份能力去影响人们的意志。套用一句话，人的一生最成功的一天，并不是功成名就的那一天，而是从悲叹和绝望中，对人生产生创造性改变的那一天。风已经吹起，帆已经扬起，今天正是这样的一天。

接下来特别为大家分享一首诗《遇见你的缪斯》。

缪斯（Muses）是希腊神话里面一位主司艺术与科学的文艺女神，她也代表音乐和舞蹈，英文的"Music"（音乐）就源自她的名字。从这首诗作为开始，代表我们即将展开一段创造力之旅。祝福大家遇见缪斯、遇见生命中的美好和灵感。

> 我会见到你，会用手揉乱你的头发；
> 我会见到你，用手指来刮你的鼻子；
> 我会看到你，握住你的手，走过城市的大街小巷；
> 我会见到你，抱住你不在意身边的人潮人海；
> 我会看到你，和你在早晨一同醒来。
> 和你对望着，倾听时间的流逝，
> 我会看到你穿越时空，你就在我的心里。
> 这就是我重新要看待生命的方式。
> 这就是我要重新看待生命的方式。
> 对世界的每一眼，
> 都是全新的，都是成为救赎的。

前言

所以我看了你一眼,我就摘下自己的眼镜。
从此我要握住你的手,
我要把你迎接到我的内心里面。

陈育林

2022 年 7 月,福建漳州

序

唤醒你自己

——如果你变成了植物人，我该怎么叫醒你？
——为什么要叫醒我，我还要开花呢。

提到创造力，大家会觉得它距离自己很遥远。现代社会，大多数人默认自己缺乏创造力，似乎创造力只和艺术创作、发明相关，没有创造力，我依旧可以活得很好。其实，创造力并不单单是指像科学家一样发明创造出全新的产品，创造力是一种强有力的力量与思维，可以是在解决问题时一个新的思路，也可以是看待事情时一个全新的视角。

爱因斯坦说，创造力比知识更重要，因为知识是有限的，而创造力几乎概括了这个世界的一切，它推动技术进步，它甚至是知识的源泉。"创造"，这份力量远比我们想象的要大得多，为什么要唤醒创造力？创造力又是如何在影响我们？翻开这本书，你能找到属于自己的答案。

我与育林老师相识十余年，第一次见面时便觉得育林老师是心理学课堂上的一个"异类"——外表阳光中带着成熟，眼神中却带着一份青涩和纯真；有着军人的粗犷，内心却又有动人的柔软，就是这样一个充满着矛盾和反差的男人，在心理学的课堂像海绵一样吸收着心理学的知识，犹如《创造力的艺术》这本书，不禁令人产生一种探究欲，十年弹指一挥间，我们都在心理学领域耕耘，被邀请为本书作序时，我隐隐有种无从落笔之感，创造力的神奇与美丽，寥寥数语似乎无法描绘。

有时读一本专业的心理学书籍难免会觉得晦涩难懂，而初读此书却觉得如长篇小说一般有趣，令人忍不住细细回味与思考。陈育林老师的文字有一种特别的魔力，生动、耐人寻味，正如这个书名——《创造力的艺术》，本书生动清晰地向我们展现，带有创造力的文字是如何富有生命力，这是一个阅读的过程，也是与创造力对话的过程。

当生活贫瘠干涸时，创造力是河流，所到之处万物生长；

当生活黯淡无光时，创造力是画笔，描绘之处绚丽多彩。

创造力在每个人心中，只待唤醒。

祝愿打开这本书的读者，看到创造的力量，也看到自己内在待唤醒的那份力量。

（陈艺新 艺新心理创始人、中国新生代心理学达人）

目录

第一篇　头脑心智 ········· 001

　一、极具创造力的治疗大师——米尔顿·艾瑞克森　003

　二、有创造力的人永远不会灭亡 ········· 013

　三、世界正不断地变，你变了没有？ ········· 020

　四、这世界存在着我们所未知的一切 ········· 031

　五、"踏进对方的靴子" ········· 047

　六、"信心救了你" ········· 051

　七、信息差——眼界是基础 ········· 056

　八、创造性接纳 ········· 060

　九、每一个父母都是天才的创作家 ········· 068

　十、爱和有趣永远是婚姻关系的前提 ········· 077

　十一、爱科幻的孩子想不优秀都难 ········· 081

第二篇　身体心智 ········· 087

　一、跟你的 Boss 聊一聊 ········· 089

　二、要去爱不要去斗 ········· 096

　三、卓越的创造来自多元碰撞 ········· 101

　四、活出孩子的样式 ········· 110

　五、生命中练习什么，你就精通什么 ········· 116

　六、时间会证明一切，它从来不会骗人 ········· 124

9

七、身体锁住，梦就做不了了 …………………… 133

　　八、身体就是灵魂的模样 ……………………… 140

　　九、发展"内在游戏" …………………………… 145

　　十、放松、放松、再放松 ………………………… 151

第三篇　场域心智 ……………………………………… 161

　　一、敬畏宇宙是智慧的开端 ……………………… 161

　　二、大自然是我们原本的家 ……………………… 171

　　三、如何培养亿万富翁 …………………………… 181

　　四、把想象转译为现实 …………………………… 192

　　五、承受伟大的冒险 ……………………………… 204

　　六、你自己就是座金矿 …………………………… 212

　　七、你的港口在哪里？ …………………………… 220

　　八、思考未来就是进化未来 ……………………… 227

　　九、服务他人才是希望的生命 …………………… 239

结语　愿原力与你同在！ ……………………………… 252

第一篇　头脑心智

现代医学对人体基本上了如指掌，但是对复杂的大脑却是例外。从古到今，科学家从未停止过对大脑的研究，越来越多的事实表明，大脑的确蕴藏着深奥的秘密。人类的大脑拥有世界上最复杂的结构，身体的奇迹、思想的交汇和精神的意识与头脑的神经细胞紧密相连。许多人倾向于把大脑世界视为独自的存在，认为它有自己的目的，简单判定头脑心智仅仅思考和看待问题，那么我们经常说的思想、想象力和灵感，到底和大脑的功能有什么关系？大脑心智虽然是人类整体心智的一部分，可大脑心智的力量比人们想象的要大得多。大脑心智不是靠一般的感觉器官，大脑心智典型的特点是：大容量记忆、快速计算、情景联想、逻辑决策和学习加工等。单大脑储存信息的容量就相当于十亿册书的内容，说明大脑的容量是无限的。人的头脑通过进化学习，会看到大脑心智会拥有更先进、卓越的思维，借由头脑心智的思维启动相关的经验，推进到自己想要的资源和成果。

如果现实是意识创造出来的，那么预估一个人的未来往往就是看他拥有怎样的头脑心智。心智到底是什么？印度哲学家克里希那穆提在《生命之书》里这样说：**心智就是意识或整个觉知的活动，它是我们存在的整体，思想的整个过程。**大脑对世界有限的理解和认知是必然存在的，头脑心智强调的是感官经验和信念，更强调的是知识的输入。大脑感知的是人自身相关的所有行动，人类有多少能力对外在的信息作出判断和理解，与头脑的思维能力相关，思维制造出了心智，人要学会观察自己的思维方式，若是没有思维，心智就不存在了。

  头脑是非常有效的工具箱,用来丰富或增加有效果的行为,拥有一个更好的头脑心智模型,能够帮助人们充分感知信息,灵活进行内部响应和外部行为。头脑喜欢扮演老大,想理直气壮地控制人身,可即便头脑心智经验丰富,但人生充满变数,用头脑心智的固有、局限的经验来决定人生并不科学。我们在现实生活中若是出了问题,把头脑心智作为根源来查找是允许的。**头脑心智本质是经验,提高头脑心智就是不断学习成长,追求圆满人生的过程,也是不断圆满头脑心智的过程。**

第一篇　头脑心智

一、极具创造力的治疗大师——米尔顿·艾瑞克森

神经语言程序学（NLP）的创立归功于两位美国人：理查德·班德勒（Richard Bandler）和约翰·格林德（John Grinder），他们一直想在治疗实务上拿到高效的技术，即使最初他们并不是正式的心理学家，但是对简快治疗、成功人士的卓越元素和语言学有着浓厚的兴趣。他们展现了认真、细致和开创性的工作态度，以超强的学习能力遍访心理学各大名家，他们这份共同的工作为后来人贡献了非凡的学术价值。

【从固定的"催眠"出来】

班德勒和格林德结识了当时著名人类学家格雷戈里·贝特森（Greogory Bateson），贝特森知道他们正在探索和设计新的心理治疗模型，他认为在心理实操领域米尔顿·艾瑞克森是有先进性的，并愿意为双方热忱地引荐。就这样班德勒和格林德决定去亚利桑那州的凤凰城拜访米尔顿·艾瑞克森，虽然艾瑞克森当时还不是举世闻名的催眠师，但催眠技法正慢慢被人们认同和惊叹，他总能奇迹般治好被人们认为是"毫无希望"的病人。班德勒和格林德本身也都是聪明的人，艾瑞克森就是一个为催眠而生的天才，他让NLP不只是在信念和能力层面做功，在发展心智唤醒与高效沟通应用上也有非凡的创见。据资料显示，艾瑞克森是美国临床催眠学会（American Society of Clinical Hypnosis）的创办人兼第一任主席，同时创办了学会的官方刊物《美国临床催眠期刊》，并担任编辑长达十年。艾瑞克森经常游历各处为专业人士讲解策略式沟通，也总有一些催眠爱好者来拜访他，并希望可以留在他的身边学习，斯蒂芬·吉利根就是被艾瑞克森的学问所吸引，决心用一生的热

情去传播这门学问，**从固定的"催眠"当中释放出来，寻找到属于自己的使命。**

　　执着推动某项活动的人，能产生新的思维，也具备一定程度的创新力。艾瑞克森和班德勒及格林德一样，在发展自己学问的同时都在慢慢地朝向精通，不断展示新的发现。我们很难深知他们是如何调整自己的意识动向的，那种精准捕捉切入点，有的放矢找到解决问题的方法，以及由表及里透过现象直击本质的能力。艾瑞克森的催眠让催眠不再是纸上谈兵，也为NLP这门学问输入影响他人的因子。班德勒和格林德运用掌握的学习方法，很快就成为催眠高手。班德勒和格林德在1975年和1977年先后出版了《米尔顿催眠语法》（上、下两册），在催眠治疗界也是很有地位的学术书籍。艾瑞克森催眠赋予NLP更深的灵魂，而NLP的"羽丰"逐渐也间接加大了催眠的影响力。

　　1901年，一个男孩出生在内华达州一个偏远的采矿区，父亲是矿工，母亲有着美洲印第安人的血统。食品经常得靠大篷车来供应，家里地板上总是有泥土，四面墙中还有一面是岩壁。这样的家庭在当时的美国社会并不算富有。男孩从小就很善于利用手中拥有的资源，即使是一根绳子，都会变幻出5到7种使用的方法，可命运对这个人一直没有放过考验，甚至是摧残。他的眼睛会重影，最后又变成色盲，他只能清晰辨别出紫色、黑色和白色，因此他特别中意紫色的物品，比如杯子是紫色的，沙发是紫色的，所穿的夹克也是紫色，他习惯左手写字，握的笔也是紫色，整个房间看起来主色调就是紫色的；他还是个音盲，所有的声音到耳朵里都像是粉笔在黑板上写字的"吱吱吱"声；他还有挺严重的阅读障碍，不知道字典是从A到Z排序的，在学校里同学喜欢称呼他"dictionary"，同学们以为他喜欢字典，称他为字典，因为他总是低着头在翻字典，有时候他要花一个多小时才能辨别出一个单词。根据他自己所讲，直到15岁的那个冬天，天气特别冷，他待在地下室里正查着字典，突然间仿佛一道白光照亮了整个地下室，这个叫艾瑞克森的男孩刹那间明白，原来字典是按字母顺序排列的。在意识和潜意识的交汇处，艾瑞克森的内心却有深深的触动，他感谢自己的内在把这个讯息留了这么久才让他发现，没有抱怨而是强烈的感恩。艾瑞克森十七岁那年生了一场几乎要了他的命的大病，但从这里开始，他的独特表演似乎才真正开始……

第一篇 头脑心智

　　1923 年，艾瑞克森第一次参加催眠研讨会；1925 年，他成为罗得岛州国立医院精神科医生助理，随后进入科罗拉多州精神病医院任实习医生；1928 年，获得医学和心理学学位；1934 年，任密歇根州埃洛伊塞医院精神科主任，密歇根州国立学院心理学的临床教授；1952 年，他身体再次瘫痪，只能用到一个横膈膜，用肋骨一侧的肌肉来支撑呼吸；1957 年，他带头创建美国临床催眠协会；1967 年，他的第一部文章合集出版。晚年的艾瑞克森呼吸变得困难，无法用两脚支撑在地板上面站立几秒，有些时候当他要站立起来的时候，一不小心就会滚倒在椅子上面。他的身体直到去世的时候，始终充满了各种各样的疼痛。1980 年 3 月 27 日，一代催眠宗师米尔顿·艾瑞克森逝世于美国亚利桑那州凤凰城。

　　艾瑞克森的治疗手法充满了神奇，他对语言的直觉，对非肢体语言的应用，达到炉火纯青的地步，当来访者来到他面前，他似乎从来不想去对抗对方，也不去追寻来访者症状的根源。很多治疗师喜欢跟来访者说，这个问题是因为你妈妈给你做了什么，爸爸没有给你做了什么，一切都是原生家庭的问题，等等。艾瑞克森不做这样的事，他不是一个描绘问题根源的专家，而是启发来访者去链接资源，推动来访者找到一条属于自己蜕变的路径。下面我们透过艾瑞克森三个治疗实录，希望可以让你感知到人的意识里，存在如此的"奇思妙想"，更加丰富而深刻去理解何为创造力，就像艾伦·艾尔达所说的：没有任何人去过创造之地，你必须离开舒适的城市，你将会发现精彩绝美的世界，你将会发现你自己。毫无疑问，**没有富有创造力的人在这个世上，就没有进步，在许许多多的方面就会重复同样的模式。**

1. 催眠减肥

　　一位女士向艾瑞克森求助，她向艾瑞克森抱怨道："艾瑞克森先生，我现在的体重已经达一百八十磅了。我有过无数的减肥尝试，但是都失败了。我也曾经遵照医师指示减肥成功不下数百次。我的目标是一百三十磅，然而，每回我的体重降到一百三十磅的时候，我就忍不住大吃大喝借以庆祝自己减肥成功。结果，过不了多久，我的体重又回来了。如今，我还是重达一百八十磅。你能利用催眠治疗协助我回到一百三十磅的体重吗？我的体重回升到一百八十磅大概已有一百次之多了。"

艾瑞克森告诉她："我可以利用催眠治疗协助你减轻体重，但是，我猜你绝不会喜欢我的方式。"

这位女士很执着地表示，她十分渴望获得一百三十磅的苗条身材，只要能协助她达到目的，她并不在乎使用何种方式。

艾瑞克森告诉她，"你会发现这种过程相当痛苦啊！"

这位女士坚持说道："不论你说什么，我一定照办。"

于是，艾瑞克森说道："好吧！我要你做出绝对的保证，你会确实遵照我的指令行事。"

她十分爽快地向大师保证她绝对依言行事。艾瑞克森随即将她引入催眠状态。催眠状态中，大师再次向她说明她绝不会喜欢这种痛苦的减肥方式，并重新询问她是否愿意向他保证她绝对遵照他的指示行事。

这位女士郑重许下了承诺。

于是，艾瑞克森这才告诉她："让你的潜意识与意识共同聆听我的指示。你应遵照以下的方式行事。你目前的体重是一百八十磅，我要你再增加二十磅体重。当你重达两百磅时，依我的标准衡量，你应可以正式展开减肥工作了。"

这位女士听到这个方法，感觉不可思议，她哀求大师收回成命。在以后的日子里，随着她的体重每上升一磅，她就会跑到艾瑞克森的诊所对他纠缠不休，望他能恩准她立刻开始减肥工作。

当她重达一百九十磅时，整个人简直懊恼至极，开始恳求大师准许她收回当初的承诺。艾瑞克森只是笑笑，没有答应她的要求。

当这位女士的体重到达一百九十九磅时，她赶紧问大师："既然体重已距两百磅不远，应该可以开始减肥了吧？"而艾瑞克森却坚持要她非达到两百磅的标准不可。

当她终于重达两百磅而可以开始减肥时，她高兴极了。体重回复到一百三十磅后，她说道："我再也不要增加体重了。"

她的体重模式一向是先减轻后增加的，而艾瑞克森却改变了这种模式，让她的体重先增后减。她对最后的结果感到非常满意，自此，她始终维持着一百三十磅的理想体重。因为她再也不愿意经历一次徒增二十磅体重的痛苦过程了。

2. 温和而友善的离婚

一位男士想要离婚，前来求助，艾瑞克森仅见过身为丈夫的他一次而已。因为后来艾瑞克森病了，整整两个月无法会晤任何人。

那位男士告诉艾瑞克森："我是个独子，我的父亲是位非常严格的基督教派的牧师。成长过程中，我被教育吸烟是罪恶，看电影也是罪恶。事实上，我在处处被视为罪恶的环境中长大，很少有事情是可以做的。就读医学院的过程中，我小心翼翼地避免犯罪。我稍后结识了相同教派中另一位牧师的独生女，她的成长背景与我如出一辙。我们坠入情网，双方家长乐观其成，主动替我们筹划了一场美妙的婚礼。他们甚至擅自做主替我们订好了其中一对父母曾前往度蜜月的旅馆，距离我们所住的地方足足有七十一公里。

"当时正是印第安纳州严寒的隆冬时节，气温一直在零度以下。我们举行完傍晚的婚礼后，大伙享用了一顿美好的晚宴。大约到了晚间十点或十一点时，新婚妻子和我开车上路，迎向远在七十一公里外的蜜月旅馆。未料，动身才仅仅一公里路后，车上的暖气就坏了。当我们到达目的地时，我整个人冻得全身僵硬，几乎动弹不得。我俩又累又难过。车子也坏了，我甚至不知道能不能将它修好，我还必须更换备胎。

"到达旅馆后，我们随即走向房间。当我打开房门时，我俩面面相觑，刹那间不知如何反应。我们彼此都知道接下来该做些什么，但我们实在太累、太冷，心情又恶劣。后来，还是我的新婚妻子先行应变。她拿起她的手提箱，打开了浴室的灯，并将主卧室的灯熄灭。她在浴室内梳洗更衣后即熄灭浴室的灯，然后穿着睡衣走出来摸黑走向床且立即缩进被褥中。

"我也依样画葫芦，拿起了我的手提箱走进浴室，开灯更换睡衣，再熄灯摸黑上床。我俩默默地躺在那，也知道接下来该做些什么，但当时只想先设法消除疲累、寒冷，以及心情的惨状。整夜，我们各自默默地躺在那，试图小睡片刻以及寻思下一步应当如何。

"最后,到深夜一点时,我们终于勉为其难完成了新婚之夜的任务,但彼此均感受不到一点愉快。如此无奈的初夜竟令她怀孕了。随后,我们虽试图学习如何进行鱼水之欢,但一切都太迟了。我们经过一番恳谈,决定等她分娩完并经过六周休养,做完产后检查后签字离婚。我可不想将离婚弄得和当初结婚一般凄惨。我会提供她与孩子应得的赡养费。她们会搬回娘家居住,而我实在不知何去何从。"

艾瑞克森表示:"这确实是桩凄惨的婚姻。你们先是彼此无法有所调适,如今又加上怀孕一事,当时的情况更为复杂。我建议你们进行温暖而友善的离婚过程。且让我告诉你该怎么做。"

艾瑞克森告诉他:"到底特律去,先安排一处饭店房间以及两人独处的小餐厅。在你妻子做完产后六周的例行检查之后,雇用一位护士照顾新生儿,并向你的妻子解释该是进行温暖而友善离婚的时候了——告诉她这是桩温暖而友善的收场。你带她到史达勒大饭店去,不管你会花多少钱。带着她到两人独处的小餐厅中,享受一顿美好的烛光晚宴,记住,还得喝上一瓶香槟酒,这可是医师的指示。你俩必须共饮一瓶香槟酒。

用过晚餐后——应该还不到晚上十点钟才对,走向柜台领取房间钥匙。饭店服务生会领你们前去,当你们到达房间所在的那层楼时,请付给服务生五美元小费,示意他离去,服务生会了解你的意思。接着,你们走向房间,当你打开房门后,请抱起你的新娘走过门槛,并顺手关上房门。新娘此时还在你怀中,请你抱着她走到床前,将她温柔地放在床上,然后对她说:'容我与你吻别。'随即轻柔地吻她,而且附带说明:'这个吻是给你的,现在,你得再亲吻我一次。'且将你的手滑向她的膝盖处,并将亲吻的时间拖得久一些,你的手同时继续往下滑,替她将一只鞋脱去。接着再向她表示:'也让我们互吻一次。'你的手再度下滑,在她的衣服内游移下行至脚踝处,替她脱去另外一只鞋。接下来,由于香槟酒以及双方荷尔蒙的作用,事情将会顺其自然地发展。到了脱去她的上衣时,请再次亲吻她。脱去她的长裤时,也别忘了亲吻她。"

第一篇 头脑心智

艾瑞克森十分详尽地提供他如何引诱妻子的过程。到了暑假时，艾瑞克森的病已获痊愈，却失去了这对夫妻的音讯。几年后，当艾瑞克森受邀至艾墨瑞大学演讲时，一位年轻男子走上前来对艾瑞克森说："我和妻子非常希望你与我们共进晚餐。"

艾瑞克森表示："对不起，我的机票不允许我久留。"

他说道："她一定会非常失望。"

艾瑞克森十分不解为什么这个全然陌生的家庭，会因自己无法与他们共进晚餐而如此失望。

他看出了艾瑞克森的疑惑后，说："你的表情好像不认识我似的。"

艾瑞克森承认："的确如此，我不记得曾与你见过面。"

他这才提醒艾瑞克森："你应该记得你曾建议一位想离婚的男人与妻子到底特律的史达勒大饭店，共享烛光晚宴的事才对。"

艾瑞克森回答："没错，我记得！"

他说道："我们现在已有了两个孩子，而第三个孩子也快出世了。"

3. 仙人掌

有一位年轻女孩突然造访艾瑞克森的办公室，径直来到艾瑞克森的办公桌前："你好，艾瑞克森博士，当初你认识我时，我才三岁。也在那年，我随父母搬到加州去了。如今，我住在凤凰城，想借机来看看你到底是何方神圣，长相如何。"

艾瑞克森莞尔一笑对女孩说："那你可要仔细看清楚点，不过我很想知道，是什么原因使你专程跑来对我评头论足。"她感觉有点不好意思，赶紧解释道："你还记得当年将一名酗酒者送往植物园观察仙人掌，以借机引导他们不依赖酒精生活的人吗？他是我的父亲，自从你将我父亲送往植物园后，我的父母就再也没碰过酒了。所以，多年来我内心一直渴望目睹这个伟人。"

"哦，那你的父亲现在从事何种职业呢？"

"他后来离开了报社，目前在杂志社工作。他说报纸这行容易令他产生酒精中毒的危险。"

时间回到很多年前，一位男士找到艾瑞克森老师，在他面前叙述他与酒精的渊源："不论是我父亲这边的父母，还是我母亲这边的父母，他们均嗜酒如命。我的父母与岳父、岳母也都是离不开酒瓶的酒鬼。我的妻子酗酒，我自己更曾经历过十一次酒精中毒的精神错乱。

我实在厌倦了与酒精为伍的日子。哦，对了，我弟弟也是个不折不扣的酒鬼。你可能会说这八成是家族遗传性的酗酒病例，但不知你有什么解决之道？"

艾瑞克森老师很有耐心地听完这个男子的酒精故事，于是问起他的职业。男子回答："当我清醒时，我在报社工作。酒精则是从事这份工作的危机所在。"艾瑞克森老师想了想说："这样吧，既然你希望我针对这历史悠久的问题出个主意，那么我想建议你去做一件似乎不太靠谱的事情。请你到植物园去看看那些仙人掌，赞叹那些可以在缺水缺雨情况下存活三年的仙人掌。然后，自己好好反省反省。"

艾瑞克森事实上习惯将酗酒的求助者送往匿名戒酒协会接受诊治，在他看来戒酒协会在这方面比较有经验，方法远比做个案可能来得更加有效，但艾瑞克森对这位酗酒者的处理情况却令人意外。这是米尔顿·艾瑞克森典型的个案治疗风格，这种开创性的治疗手法没有固定的模式，它似乎没有经过大脑的酝酿和思考，可最终的却得到最优的成果，这样的个案对任何治疗师来说都是不容易搞定的事情，或许每个人都有自己一套理论和技术来使用，但是哪位咨询师会想到让一个来访者跑去植物园看仙人掌。

艾瑞克森的个案咨询方法千变万化，十分生动有趣，即使面对一些棘手的个案，他总能轻松地演绎出一套独到之处的手法来。艾瑞克森在50年的治疗实践中，都是形形色色的个案，每个个案他似乎都能手握打开来访者心门的钥匙。据不完全统计，他一生大约治疗了上万名患者，不存在固定不变的模式，唯一不变的就是富有想象力和充满人性化的治疗手段。若有一个抑郁症来到艾瑞克森的面前说：我有抑郁症！艾瑞克森就会真诚对他说，不不不，在你的内在，就在此时此刻的内在，有一个无限可能性的你存在着。这个就是艾瑞克森老师，思绪总是如天马一样在空中飞翔，以超出于众者的创造力

第一篇 头脑心智

让来访者奇迹般的转变。人们常用"前所未有"这样的褒义词来形容艾瑞克森给人们带来的美好结果,艾瑞克森咨询技术具有美学价值和哲学价值。

许多人从艾瑞克森这里领悟的精神甚至比学到的技巧还要多,他通过对来访者形形色色的状况来捕捉与挖掘、感受与发现、整合与运用,强有力地改变来访者原有的生命。带领生命完成质变的突破是要有非凡的生命能量的,这样的工作适用于艾瑞克森,如果他在人生中没有病痛,他可能不会采用平视和理解的眼睛来看来访者。这些都是与艾瑞克森跌宕起伏的个人经历有关,"但是艾瑞克森没有对命运的差别产生纠结和摇摆",没有认为人生已经没有翻盘的机会,他戏剧性地回到高品质的创造力意识中来,并取得了不起的胜利。我想世界上可以有这样一条真理:**每个人都能够通过热情地支持自己来让生命变得更美好!**

普通的日子

——艾米莉·狄金森

普通的日子
领着季节经过
要对它们表示崇尚

只消记住这一点
它们可以从你我身上
拿走的那件小东西叫做无常

(绘图：李怡晗，5 岁)

第一篇　头脑心智

二、有创造力的人永远不会灭亡

创造力，是人类特有的一种综合性精神本领。是否具有创造力，是一流人才和三流人才的分水岭。它是知识、智力、能力及优良的个性品质等复杂多因素综合优化构成的。创造力是指产生新思想、发现和创造新事物的能力。例如：创造新概念、新理论、新技术、新方法，发明新设备和创作新作品等都是创造力的表现。**世界因有创造力，所以有源源不绝的美好和希望**。创造力无处不在，它在导演的电影里、在音乐家的歌曲里、在画家的画作里、在雕塑家的刻刀里、在舞蹈家的身体里、在企业家的商业运营里……创造力是一系列连续复杂的高水平的心理活动，它要求人的全部体力和智力高度紧张，以及创造性思维在最高水平上进行。

【经验的结束，思想的活跃】

有创造力的人是成功的，有创造力的家庭是幸福的，有创造力的国家是强大的。**看一个人、一个家庭、一个国家有没有未来，就看他有没有创造力**。创造力不是一种经验的应用，**创造力是经验的结束，是思想的活跃和前进**。创造力和努力不相同，创造力往往能在普遍中以新颖的方法找到问题突破口。个人和组织失去创造力，就等于失去了前进的动力。创意识的出现会产生连锁作用，它的价值不在于重复他人，而是突破和超越自己，从而学会用好奇的眼睛观察世界，用纯净的心灵感受世界，用新的语言表达情感。生命的真谛在于创造力。创造力有另外一个表现形式——"艺术性意识"。

人类需要重新认识创造力，它是灵魂一个重要的品质，人类核心的能力。我们不可能真正认识这个世界，只是通过本源的认知去认识它，隐藏在幽微之

013

创造力的艺术

中的宇宙规律终生都无法悟透，需要用意志、创造力和爱去探索，透过管理心智和刻意练习，练就思考能力。剑桥大学思维基金会主席爱德华·德·博诺被誉为20世纪人类思维方式革命性变革的缔造者，**他认为：创造力也并不总是一种天赋，不是天才的专属，而是一种可以学习的技巧，我们每个人都具有创造力**。随着社会的发展，国家复兴战略的推进，创造力在文化与教育中的作用，用设计和创意去解决人与社会在发展中的问题越来越受重视。创造力属于开发人类的效能，可带领人们探索新兴技术，相信在不远的将来，在政府和企业的共同推动下，会广泛地大力推动民族自主创新能力，如同所提倡的社会文明价值观一样。拥有创造力的社会，享受到源源不断的资源，未来的发展空间也会更加广阔，创造力越走越远，竞争力就越来越强。当然，创造也不是一蹴而就的事，也不是靠大张旗鼓地宣传就能获得，它需要人对客观和主观对象有感知、学习、想象和表达的过程，没有办法人为地计划和设计。

创造力基本原则就是认为每一个人的生命都具备无限的可能性，这个预设前提构成了人类本质的基本层面。这个理念来自我的学问主要架构——艾瑞克森生生不息的催眠：人们总是在睡觉，需要醒来，唤醒藏在潜意识深处没有表现出来的情感、思维、愿景和心灵。**就像从一个最深的地方醒过来，由此发现不一样的自己，解除自我的限制，以一种觉察和发现方式去使用生命力量**。灵感要在形成思维的基础上反常得知，寻常思维是一种遵循常规的思维模式来分析，判断其把握事物的思维，在正常的情况下寻常思维本身不会产生灵感，只会在反常的情况下，也就是在摆脱了常规思维模式束缚的情况下，才有可能出现灵感。经验表明：**思路越开阔，思维越敏捷，想象越丰富，灵感出现的机会也就更多**。创造力是一种寻常思维缺席的意识状态，只要经验占据整个意识，就不可能拥有创造力。经验是持续的，它是持续性的结果，凡是拥有持续性的事物，都很难迎来生机与活力，它只会从已知走向已知，在探索创造力之前或许要思考的是如何让经验思想靠边站或离场。

太多的现状维持不会让行为跨过经验的边缘，一旦跨过去，早期积累的经验突然就变得没有用处。原本竭尽全力构建的信念系统会感到特别有压力，我们曾对自己的经验这么看重，从放弃的那一刻起，开始接触新的经验，虽

第一篇 头脑心智

然刚开始会有不适感,但新的经验对我们而言并不是一种失去,人脑地图有更大的延伸,能时刻与新的外在环境保持一致。如果安然地躲在自己的经验里,正如诗人纪伯伦所说:**"维持现状意味着空耗你的努力和生命。"**

在一个充满伟大变革和科学发明的时代,变化是必须的,变革才有出路。现实提供了丰富的思想精华和学习机会,对每一个新情况的出现理应变得更为包容,让这种意识慢慢贯穿于意识之中,不再只把过去的经验看作最亲密的关系,通过穿越经验来加深何为创新意识的理解。当我们试图开启新人生之旅时,得为将来做好一些准备,这绝非易事,有时改变习惯的难度超过学习新行为,但这种改变相当有必要,为了可持续性的改变,要开始思考什么是改变。比如练习回应话语不在他人的语言框架里,在常去的餐厅点不一样的菜,换个新的穿衣风格,总之,你有很多能够变化的方式。生活如果永远只是一种形态,那它就是个问题,人们之所以会持续的痛苦,就在于意识空间已经没有出路了。而在创意识的海洋当中,它不是只有执着于旧有的思想和行为,而是有许多的差异和超越,这是时不时要做的工作。

罗伯特·斯滕伯格曾任美国心理学会主席、IBM 公司的客座心理学教授,并在耶鲁大学心理学系从事研究工作。他是当今研究创造力的权威,在国际学术界享有盛名。他还致力于人类的创造性、思维方式和学习方式等领域的研究,提出了大量富有创造性的理论。对于高创造性个体也进行了分析研究,他提出高创造性个体的**特征因素**有:

1. 具有极其强烈的动机;
2. 不墨守成规,致力于维护与创造性工作有关的优秀标准和自律原则;
3. 深信创造性工作的价值;
4. 对自己选择的领域有很强的好奇心;
5. 思维过程中同时具有顿悟性思维和发散性思维的特征;
6. 具有适度的冒险精神;
7. 相关领域的知识丰富;
8. 完全投入创造性努力中;
9. 拥有克服障碍的意志;

10. 有超越的愿望。

【永远不要担心有创造力的人会"死"】

面对当前新困境、新挑战，有人一样活得很滋润，这些人大部分是有创造力的人，因为他们就是为问题而生的人，真正强大的人，往往能控制住情绪，同时积极寻求创造性解决方案。人终归要学会从容生活，不过分担心"坏事件"的到来，才更有能力把控人生。**有创造力的人，对生活不会太用力，善于坦然面对每一天**。首先，会接受正在发生的事实，不会太执着于反复使用的经验，尽管创意的方法不一定有效，但不改变，事情还是一样糟糕。所以，不要去担心一个有创造力的人会"死"去，即便在普遍性的困境中，他们仍然会比没有创造力的人会好一些。创造力的力量不是和大家走同样的道路，经验注定是一条资源匮乏的路，而是通过特立独行的思路，改进应对困难的思维，发挥制造资源的力量。面对挑战，关键不在于努力，有时很辛苦给累着了，不一定会产生更好的成果，关键在于能通过启动创造力，转型成更高的思维。创造力的有一个重要的标志，就是把单一的思维变成发散思维（Divergent Thinking），又称放射思维和求异思维，是指大脑表现为扩散性思维，思维呈现出多维、开阔状态，能"一事多解"和"一物多用"。

【眼睛要充满光】

创造力是助力人生发展的一个关键因素，大脑里点子越多，自然会想方设法让生活更美好，也带动他人一起享受获得的成果。有创意的人也成了许多行业搜求的目标对象，也成为团体是否在未来有发展持续性的重要因素。希望不因年龄的关系而被迫放弃愿景，无论面对怎样的现实挑战，不要让不良的情绪笼罩我们的心。眼睁睁看着时间一点点地流逝，用不恰当的方式浪费自己的人生，能视创造力为身体的细胞和血液，充满活力与希望的未来就有可能很快地到来。**创造力就是一道光**，无论在艰难崎岖的现实生活里，还是在复杂幽暗的心灵之处，有这道光就能让所有的黑夜不至于吞没希望。

人类意识最深的层面是最纯粹的初心，以"光"来形容是最恰当不过了。

第一篇 头脑心智

实际上在不同的文化中，都能够找到踪迹。我们形容一个人最佳的状态时喜欢用带有"光"字的词，如：光彩夺目、光芒四射、流光溢彩等来形容，对一些公众人物用"star"（明星）来称呼，比喻他身上有光环，人生最有荣耀感的时候，就是在经历人生高光的时刻。具有"光性"就是对人最高的评价，一个人身上具有光的品质，眼睛里总闪烁正向的能量。

当人进入到"光性"意识层面，是不会受伤的。人们无法伤害光，枪射击不了光，刀也无法捅到光。人有更多的"光性"，就能穿越过往的伤痛，以及未来的迷雾。我们去看出生不久婴儿的眼睛，就知道宇宙的光正在流经他的生命，会感觉一切都很美，一切都是正向的，没有任何障碍在他的生命里。其实人的内在都有光，比如人们身处真诚的爱、满怀的感恩之中就能体验到有一股暖流浸透全身，这就是光从身上经过。进入"光性"的世界，心智会进入到一个更广袤的空间，在那一个地方是自由的，有无拘无束的想象，可创造出前所未有的想法，从而引导我们规划出前所未有的目标。

连接内在原型的力量，就是连接空性的光，在许多关于美好和愿景当中，光的品质会出现。阿里巴巴在初创时期，马云跑了38家创投机构，结果没有一个人愿意投他，即使有敏锐投资眼光的大佬都认为阿里巴巴是不会有未来的。然而，孙正义听了马云对阿里巴巴的未来愿景展望时，原本10分钟会谈的时间，第6分钟他就站立起来，走到对面的马云身边，拍拍他的肩膀：我投你2500万美金。当时人们津津乐道的反而不是马云获得一笔巨大的资金，而是想马云遇到的是一个人傻钱多的投资客。那个时候2500万美金是一笔巨款，今天阿里巴巴回馈给孙正义的财富是多少，你们知道吗？孙正义获得了超过3000倍的收益，也就是当年他投资了大概1.75亿人民币，现在已经超过了5000亿人民币。为什么当初没有人看到阿里巴巴、马云的未来呢？后来孙正义告诉人们，他之所以愿意投给名不见经传的马云，投给在人们看似并不靠谱、满嘴跑火车的马云，是因为马云在谈到阿里巴巴未来的时候，"眼睛充满了光芒"。**眼睛有光的人，从他的眼睛里可以看见星辰大海，眼睛有光的人往往有灵魂、有热爱。**

对很多人而言，并不是以一种真诚的态度来对待所拥有的生命，他们会发现自己的生命将更加暗沉，没有喜悦，失去更强的直觉性，没有力量能够连接生命的激情。"光性"自然呈现的人有自己的理想和信念，他们做了许多人不愿去做的事，冒别人不敢冒的险。生命本身是没有意义的，当人们拥有"光性"时，他们是忘我的，甚至是无我的，他们可以付出个体的所有。人若连接到"光性"的力量，每往前走一步，都有神秘的力量在支持，这个神秘的力量也叫神性。每个人都能拿到"光性"的力量，只是一般情况下它都是被遮蔽的，它等待着我们主动去介入。赋予光性于他人时，就会具有相应的生命意义，出卖灵魂来换得自我的利益，存留的光就一点点地流逝，进入了一种静止的、黑暗的意识空间，即便可能会获得短暂的成功，但在后来的某一个时刻，一定会发现人生已存在危机。

【不要在付出巨大的代价后才退场】

社会每一次发展都伴随着激烈的斗争，只因为我们太过渺小，在激流中感觉不到动荡和变化。**新的事物总是浩浩荡荡地向前，旧有的事物终究要出局**。新事物符合客观规律，具有很强的生产力，就如大家所看到的手机、无人驾驶、大数据这些科技，无论你要还是不要，新事物发展就在那儿。**创造力是引领发展的第一动力，坚持创新是经济发展新常态的根本之策**。抓住新事物的能力让我们不偏执上瘾，创造力的重要性对于一个人和一个国家而言，都有着至关重要的作用，它是个人发展和民族振兴的重要驱动力。比如中国的动画片曾有过辉煌的成绩，但是进入20世纪80年代，美国和日本的动画片占有全球90%的动画市场，并非中国的动画技术不如人，而是缺少创意和想象。时代的洪流广阔壮大，前进的国家声势浩大，需要奋勇向前，抓紧时间。就如孙中山先生所说的："世界潮流，浩浩荡荡，顺之者昌，逆之者亡。"

留意时代在发生些什么，才会主动拆除那些束缚力量的信念，朝向时代新趋势。现在有很多人在做直播带货，这就是时代在发生快速变化的明显讯息，有些人会认为一切都不要太着急、等等看，**可时代不会等你，若不跟上时代，时代扭头就走**。腾讯成为世界级的"独角兽"，在于它的挑战文化——**敢于做新事**。过去希望别人来了解自己的企业，相互递个纸名片，一段时间复印店最

第一篇 头脑心智

重要的收益就是帮各种老板印制名片；接着名片就没有地位了，取而代之的是电子名片，当有些人暗喜自己走在潮流的前面时，一夜之间网站深入人心；创新的驱动器还在滚动，公众号横空出世，在人们认为这下可以消停的时候，伴随视频号享受追捧，公众号已经凉凉，而一切都还在变化中。

  人们习惯按照老"套路"过完一天甚至一生，就如"局中人"没有意识到这是一个问题。日复一日，年复一年，几乎明天复制今天，现在是过去的粘贴。喜欢去思考如何避免不必要的牺牲，明确的方向感却消失了，更倾向的是去保持原有的稳定，殊不知绝对的稳定就是不断地在动态中呈现出来的。走老路永远到达不了新的目标，改变是所有进步的起点。人生，没有太晚的开始；年龄，不应该成为阻碍你前进的理由。坚持不懈地更新自己的经验，每天进步一点点，就会遇见更好的自己。

  解放思想，拥抱创造力意识，才能彻底释放潜力和活力，发展才是可持续的，否则就是问题无限循环的一个点，甚至有可能是下坡之前的最高点。换一双眼睛重新去审视自己到底给了自己多少的限制，意识到人生能够还有多大的波澜可掀起。NASA（美国国家航空航天局）公布了韦伯空间望远镜的一组全彩深空图像及其光谱数据，这是迄今为止，人类所能观测到的遥远宇宙最深、最清晰的图像。这是一张距离地球46亿光年的照片，仅是在这一张照片中，就有成千上万个星系，其中，有的星系发出的光芒，甚至来自130亿年前。随着人的年龄越来越大，梦想也要越来越近，结果若是选择了和自己梦想相反的路，所有的指向可能将都是无意义的。**一个人最深的底蕴和灵魂，就看他怎样对待自己最有价值的一生**。像考试一样，直到将这道题理解得如吃饭睡觉一样透彻之后，才有加速向梦想靠近的机会。展开梦想之旅时需有足够大的理想，只能由心来感知，它的运动不可能被完全控制或预测，一段美好人生不是仅靠大脑可以解决得了的，是时候更清楚地看见自己的人生，而不是糊涂地跟睡着一样，抛弃一切的束缚，像鸟儿飞进天空，像马儿跃进草场，像鱼儿掉入海洋中，就像来到无边的梦境里，就像坠入渴望的内心……

三、世界正不断地变，你变了没有？

艾瑞克森在他逐渐成名的时候，有很多的人想来到他身边工作，得到艾瑞克森老师的首肯后，他们往往变得十分开心，跟艾瑞克森老师说："老师太棒了，我真的太幸运了，能在你身边工作，太美好了！"艾瑞克森就会跟他们讲：如果你觉得好，那么就请你好好地享受吧，因为这一切不会太长久的。艾瑞克森其实说的是生命的规律：人生时时处在不断地变化当中。正是这种不断变化让人不断成长，我们把这种变化称之为"无常"。**这就是生命的规律，拥抱变化，然后享受当下的美好，直到下一个问题出现**。强调要"与时俱进"，常常成为一句空口号，因为说到容易做到难，很难紧跟时代的步伐。人类的感知和认知有极限，没人能够随时完全更新大脑地图，马云不行，世界首富埃隆·马斯克也不行。这个世界上没有人能极致释放自己的潜能，这是每个人都遇到的挑战性课题，即如何克服或超越旧有的习惯，或者说建立新习惯，有两条路：一条路是继续在固有的经验当中，人生会很平淡和被动；另一条路就是把旧有的框架打得支离破碎，去到没有触碰到的地方，未来的未来，做出正向的解释风格。

【这个世界唯一不变的就是变】

赫拉克利特（Heraclitus，约前544—前483），是一位富有传奇色彩的古希腊哲学家。我喜欢他关于万物都处于不断变化的思想。他有一句名言"人不能两次走进同一条河流"，相信许多人都听过。这句名言并不是指这条河与那条河之间的不同，它的意思是说，河里的水是不断流动和变化的，人这次踏进河，水流来了；下次同样踏进这条河时，流来的又是新水。河水川流不息，万物皆流。他还说"**太阳每天都是新的**"，也是表达同样的观点，**宇宙万物没有什么是绝对静止和不变的，一切都在运动和变化**。赫拉克利特主张宇宙万物都处于不断变化移动之中，唯一不变的是一直在变，地球每时每刻都在转动，人生的河流每时每刻都在"流动"。变化的思想在赫拉克利特的哲学中占有重要的地位，以至于人们称他的哲学为**"变"**的哲学。

《韩非子·五蠹》记载：春秋战国时期，宋国有个农民，太阳升起就劳动，太阳落下就休息，过着简朴有规律的生活，从来没有胆量去拓展更不一样的人生。他的田地中有一截不小的树桩。有一天，有猎人在边上围猎动物，一只野兔受惊吓从森林跑了出来，过度慌忙一头撞在树桩上，撞断了脖子断了气。农民高兴得不得了，晚上和家人美美地吃了一顿丰盛的晚餐。可是，这个农民从那天起，到农地里便放下他的农具不干活，居然天天守在树桩的旁边，想着还会有动物再次撞到树桩。时间一天天过去，农田慢慢变得荒芜，他不顾家人和别人的劝告，可到头发都长了，胡子都白了，再也没有碰到另一只撞到树桩上的兔子。这就是我们从小熟知的成语故事"守株待兔"，不仅是比喻妄想不劳而获的人，还告诫人们做事切不可死守一成不变的经验，不尝试改变自己思维和行为的模式。

想一想我们每天是不是都做着许多重复的事情，相同的行为、相同的情绪和相同的思维……做着重复的事情，人生也画地为牢。人生不能太重复，亦不可回头，不然会不知不觉失去最佳的机遇。几个学生向苏格拉底请教人生的真谛。苏格拉底把他们带到一块长满麦穗的田边。"你们去麦田里摘一个自己认为最大的麦穗，不许走回头路，不许做第二次选择。"苏格拉底吩咐说。学生们试着摘了几穗，但并不满意都丢了。他们总以为后面还有更大的麦穗，完全没有必要过早地决定。直到苏格拉底大喝一声你们已经到头了！弟子们才如梦初醒。"你们都选择到自己满意的麦穗了吗？"苏格拉底问。学生们面面相觑，其中有个学生带头请求说："老师，让我再选择一次吧！"苏格拉底坚定地摇了摇头："孩子们，人生就是无法重复的选择。"人生无法重来，**每一天都要视若初见，尽量做到最新的意识跟随**，切不可企图想重来做得更好。

敢于做自己的光

——唐娜·福尔兹

相信那股能量
你所信任的道路
然后更深地臣服
成为那股能量
不要推开任何东西
跟随每一个感官的源头
在广阔纯粹的存在里
如此崭新，如此鲜活
以至于你不知道自己是谁
欢迎来到季风的季节
成为桥梁跨过泛滥的河水和汹涌的洪流
不必害怕圆满的奇迹
成为那股能量
像闪电一样在清澈的夜空中开辟一条小径
敢于做自己的光

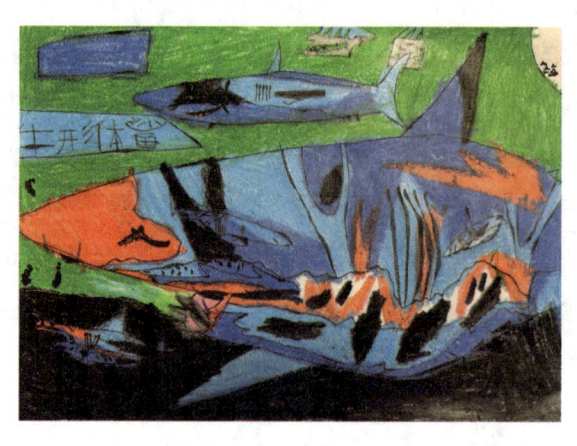

（绘图：陈许博衡，5岁）

第一篇　头脑心智

【五个丈夫的女士】

有个离过两次婚的男人，很想知道婚姻幸福的秘诀。在一个聚会上，朋友跟他介绍一位年老的女士，说这位女士跟丈夫已经结婚 40 多年了。于是，他就走过去跟那位女士说："女士，恕我冒昧，听说您结婚 40 年了，请问如何做到跟一个不同性格的人可以共同生活这么多年？"女士缓缓地说："年轻人，我不知道是谁告诉你我跟另一个人结婚了 40 年！实际上我有 5 个丈夫！"她说，"我的第一个丈夫是个非常浪漫的人，他会为我准备烛光晚餐，我们一起去海滩漫步，他还给我写情书，一切都是那么甜美……"

"两年之后，我们得到祝福，有了第一个孩子，那个男人就离开了我。"

"我的第二个丈夫是工作很努力的人，他真的很负责任，一直都很担心财务，总是很晚还在办公室加班。他不是一个很浪漫的人，我需要经常对他说，你最好记住我们的纪念日！可随着时间的推进，我们开始有些距离，于是我有了第三任丈夫，他很爱孩子和我，可是他让我感觉'你往后站一点好吗？去赚钱！'一切全都被撕碎、瓦解了……"

当这位女士讲到第四任丈夫的时候，这个年轻人意识到她讲的是同一个人。这位女士是名咨询师，她也常跟一些来咨询婚姻的人说："**无论你们以前有过什么，已经不在那儿了。**当时你的需要跟现在的已经不同了，所以，我们来看看，现在的你需要的是什么？"

赫拉克利特说宇宙是一团永不熄灭的火，火不断地转化为万物，万物也不断地再变成火。一切都存在，但又不存在，因为一切都在流动，都在不断地变化，不断地产生和消灭。觉察到所有出现的事情都是新的，都是之前从来没有出现过的，对所有事物的接触都保持全新的体验，不要用过去的经验来束缚思维。过去的经验是资源的同时也是限制，重复旧的做法，只会得到旧的结果，走老路永远到达不了新的目标。并且当人生不断有问题出现的时候，他都当做是他人或环境的问题，一直关在那个自己编造的信息茧房里。

心理学家丹尼尔·卡尼曼（Daniel Kahneman）写了一本书《思考，快与慢》，他认为：大脑有快与慢两种作决定的方式，常用的无意识的"系统 1"依赖情感、

023

记忆和经验迅速作出判断，但它也很容易上当，任由损失厌恶和乐观偏见之类的错觉引导我们作出错误的选择；而有意识的"系统2"是理性的、分析性的、深层次的、相对慢的思考，试图看清楚事件、看清楚自己、看清楚未来。**人类是惯性的动物，行为是有惯性的，思维也是有惯性的，惯性对人具有异常强的控制力。**要看到自己是怎样的模式，主动施加外力，保持超越经验的能力。外在的挑战会带来危机，这就是一种固有的思维模式，固有的思维模式就很难去看到新的方向，而在信念系统当中，思维需转个方向，甚至反其道而行，创造力来自一种没有框架的全新思维，它是离开原来思维的习惯，绝不是认为只有旧有的方式就是更好的生活。为何不把原有的思维和信念颠覆看看呢，有这样的尝试，或许才有机会改变生命的走向。

世界唯一不变的，就是一直在变。比如有一天中午我刚想好好休息，突然一位亲戚来拜访；晚上和朋友约好喝茶，他突然脚扭伤无法走动。这是定律——**变化是永恒的。**信念是从过去的经验中累积而来，它容易成为固有的习惯。多一些打破原来的旧有经验，敢于尝试，可以品尝到打破"自我设限"的新成果。新的形势要求有新的信念做保障，没有哪条经验是能够完全在人生中适用的。当代的高新技术不断发展，日新月异，没有任何人可以靠着从前的经验一直保持成功。就像保罗说：**"不要效法这个世界，只要心意更新而变化。"**就是说要人们一举一动都有新生的样式。有人说如果去年我们怨恨一个人，今年心里还怨恨，那么说明我们的生命没有更新、进步。

巴菲特在接受采访时曾说：我活了91岁，从没有遇到过一个时期让我不相信世界或经济会变得更好。我们可以回顾历史，经历过大萧条，包括现在的疫情，是的，我们会持续遇到这些问题，明年也会遇到一些困难，后年、大后年都会。但是在一个颠簸的、戏剧化的进程中，商业会继续发展，政府会继续向前，更重要的是人类会继续向前。如果稍微留一下国家的变化，就能意识到改革开放到现在40年里，整个国家发生了翻天覆地的变化，可用"日新月异"来形容，不要说10年前，即使是5年前，我们都难以想象会有如此的变化。那些渴望成功的人都有一个共同的信念，只有不断地学习才有足够的资本来超越梦想。2019年我曾带领一些学生到香港给恩师张国维博士拜年，

第一篇　头脑心智

老人非常有精神地对我说：爱学习的人永远不会落后。他认为有些人活着却已经死了，因为他们的思维已经停止不前。儿时我们白天都敢大胆做梦，虽然这还不是真正的创造力，但起码没有过于理性去压制这份勇敢。

【高手不挑浪】

冲浪是让海浪的力量带着你和浪板前进的一项极限运动，但凡是借助自然力量的运动都会给予人一些美好启迪，比如滑雪也是如此。大家可能不知道 2020 年冲浪才正式成为奥运会项目，作为一项挺受欢迎的运动为何这么晚才纳入到奥运？2020 年东京奥运会的冲浪比赛没有安排在室内进行，而是选择在离东京 60 公里的实达海滩，比赛采用 16 天为周期，以确定海浪的品质，每场比赛评审团对选手的打分精确到小数点后两位，因为考虑到没有一道海浪是一样的。**每一道浪都不相同，生命不也是如此。**

时代与变幻莫测的大海一样，迎接新变化总是有难度，可如果害怕浪，就会错过浪点，甚至被拍倒在沙滩上。学习与"浪"共舞，反而会得到生命的乐趣，时代的每一道"浪"都不一样，这不就是人生的乐趣吗？因为一直以来，当新的事物来临的时候，通常会有一连串的排斥，**看似甩了它，最后会发现是它甩了我们。**原本领域做得更出色的人或系统，**也有一种危险，就是原来很成功**。一开始许多人不屑于做直播，后来发现错过一波"蓝海"福利。曾占领全球手机四分之三市场的诺基亚之所以会消失在人们眼前，就是认为自己已经足够好，不需要做出改变。即使人并不是很容易主动求变的动物，以后就先不管新的事物会带来什么，先拥抱它，看看为它改变些什么。**高手不挑浪**，冲浪就要勇立潮头，勇敢地站立于浪潮之前。

随着波浪起伏，顺着流水漂荡，常常被比喻为没有原则或主见，是随波逐流的平庸之人。其实能够随波起伏，不断逐流而出就已经走在正确的道路上了。大多数的人不但不会随波逐流，且竭力抗拒变化，沿着旧有的道路挖掘意义。人生就是这样，你有计划也好，没计划也好，反正上帝一定不会全部按你的计划来，高潮和低谷会伴着生命之轮的转动而交替进行。面对动态多变的人生，固化的思维方式和行为方式面临巨大挑战，在这样一个跌宕起伏的时代，要意识到人生无常是常态，是需要花很长时间的，真正的理解和接纳，就意味着要沉入生命深层的核心，有相对的预设朝向未知的明天，这也不失为一个极好的生活法则。达尔文曾说："能够生存下来的物种，并不是最强壮的，也不是最聪明的，而是最能适应变化的。"

【没穿裤子的奔跑者】

曾到一家烘焙企业做演讲，主题正是"创造力"。自信于那一天给他们的企业带来一些新的启发，然而我自己也深受触动，因为创造力已经被他们照进了现实。董事长是一位只有三十多岁的年轻人，他有这个年龄段许多人没有的成熟和思维，他说烘焙业的跑道已经挤满了人，如何能异军突起，他们做了一个细分，口号是做"中国最潮的烘焙"。在他们办公楼入口处有一组"奔跑者"的雕塑，刚开始以为这是产品展示，因身上都穿着印有公司LOGO 的衣服。董事长问我有没有留意到几个"奔跑者"下身没有穿裤子，经过他的提示，我才注意到"奔跑者"的姿势都是迈开腿在奋力地往前跑，只是都光着屁股。接着，他缓慢而详细生动地讲述了"没穿裤子的奔跑者"的故事：通常企业对于制度的建设都比较重视，各种细则都用上，结果大家都还没学会，市场已经跳到另一个新模式。其实制度本身有很多特性，它应该跟时代同步，有发展、有更新、有创造。与其不断地追求利润，不如不断地追求人心的变化，从年轻人的需求去追。很多人聪明而努力，对创新的重要性却并不在意，错过市场的主体变化，越来越脱离了顾客。所以刚开始就是要野蛮生长，为了避免自己的"私处"被人窥见，就要像没穿裤子一样奋力地往前跑，并且一路狂奔。

企业要建设一套完整的管理系统，带来更大的竞争力，且有相对稳定的发展能力，可刚开始并不具备这样的条件，会有大大小小的问题牵扯着。对于一个瞬息万变的市场，快速地占领市场，往往是赢得"战争"的需要，以快制快，以变应万变，不要让风口轻易地被中断。先拥有足够的资金，在一定程度上更能促进内部的发展，实际上许多企业起始都是更快更有效地开拓市场，先野蛮生长，有了资金优势后，再进行一系列的组织制度建设。当天

第一篇 头脑心智

时地利的时机来了，就是小米创始人雷军口中所说的：当风口来了，连猪都会飞。中国改革开放后，大部分的企业不是一开始就形成一套完整的管理体系，而是把大量的时间和精力放在资源的争夺上，企业的财务若是拆东墙补西墙，接下来就有管理问题、市场问题，这样一来员工的向心力就会成为问题，导致人才选择离开。索罗斯曾经说过一个经营哲学叫"市场心"，实际上说的就是人心，**财聚人在，财散人散**。发展国家建设初阶段，当一系列的问题还没解决的时候，把经济发展作为最大的任务，发展到一定程度的时候，自然就促成国家许多制度的完善。

安迪·格鲁夫1956年移居美国，他参与了英特尔公司的创建，目前他任英特尔公司董事会主席。作为最大的电脑芯片公司的重要领导者，从他的《10倍速时代》一书当中就可以窥见他的思维。安迪·格鲁夫提倡与其顺势而变，不如主动求变。他认为：**今天已经是10倍速时代，行动准则与节奏是不同的。**上一个小时造就你的因素，下一个小时就颠覆你。没有人欠你一份工作，更没有人欠你一份事业。我们置身于成功与失败都以10倍速进行的时代。在这样一个混乱与变化加速的时代，机会不断涌现，却又瞬息消失。无论企业或个人，都必须掌握这个节奏，否则就必须接受离场。

一位餐饮连锁店的老板有一天请我吃饭喝茶，他告诉我虽然他们在外人看来发展迅速，但他们时刻在捕捉市场的变化，人们看似有固定的饮食习惯，然而饮食的潮流也是不断在涌现。比如街头奶茶文化，年轻一代更具个性和创造，有一种"来者不拒"的包容性，这种体验更自由、更轻松的饮茶方式，不仅使它拥有了更多元化的潮流元素，也令茶叶、牛奶和水果产生了碰撞，街头奶茶成为许多年轻人的新爱。未来，茶饮市场会不会引起新的变化，那就要看新一代年轻人的思想。再优秀的企业都要在动态中求生存，当年的诺基亚如日中天，柯达遍布世界每一个角落，轰隆轰隆全塌了。**世界一直在变，永远做赢家太难**，做人有时就要像柳絮一样，让纷飞的思想不断落地生根。

【武功唯快不破】

人和系统须时刻保持外部刺激的敏感性，外部刺激就是情报。若情报传递需要花费大量的时间，这样一来一往，最佳的时间就会错过。"天下武功，唯快不破。"意思是说天下的众多武功里，只有"快"找不到克制它的方法。当武功的速度达到极致的时候，有时候不需要复杂招式，只是简单的一招就可以克敌。快，就是对外部信息的反应速度，新决策的增加，体现在对时间的要求，对速度的要求。

1997年我从部队考入南昌陆军指挥学院，如今叫陆军步兵学院，那个时候，海湾战争虽然已经过去6年，但是海湾战争对当时的各国，对现代化战争的思考产生了深刻影响，它所展示的现代高科技条件下作战的新情况和新特点，对军事战略、战役战术和军队建设等问题带来了很大的冲击。在战后统计中，伊拉克在此战伤亡的10万人中有大部分是死于空袭，此外还有7万军队在逃亡中被俘。整个盟国共战死378人，美军却是仅仅阵亡148人的微小代价，其中还有一大部分是"误伤"。这个夸张的战果着实震惊了世界。

虽只是旁观，倒给我们带来很多的警示。时代一下突变，战争已经从机械化跨入信息化，当海湾战争的硝烟散尽，基本上战略战术都是围绕美军的打法来设定。可刚刚爆发的俄乌冲突又有新的变化，讲究是无人机侦察和攻击，现代武器不怕敌人上的人多，因为一举一动都在被空中的无数双眼睛盯着，战斗人员密度越大损失就越大，一个国家的兵源永远不可能比敌人生产出来的子弹还要多，集中在一起更容易被敌人的炮火所灭，因此懂得高科技武器运用的小建制战斗班更显得灵活机动。

媒体报道：美国陆军计划在2022年第一季度最终确定下一代班组武器的设计方案，2023年开始逐步换装，在全球率先装备6.8毫米的步枪和班用机枪。自20世纪60年代以来，步枪小口径呈现的一直是一个三架齐驱的局面，北约的5.56毫米，俄罗斯的5.45毫米，我们国家的5.8毫米。美国陆军也是与时俱进，因为在越南战争中，部队重要的是丛林作战，步枪的射程根本不需要那么远，而现代战争更多是在城市中进行，目标是想通过全新的弹药来获得代差优势，凭借威力更加强大的6.8毫米的弹药来穿透当下甚至是未来的防弹衣，而且还想拥有更远的射程，**它是一个谋求适应新时代战争的结果。**

从中窥见从个人到大的系统，在每一分每一秒的时间流逝里万物都在变化着。如果我们是 4 岁的孩子，认为爸爸妈妈永远会在那里等着我们，是可以理解的；如果我们是 40 岁的大人，认为爱情是永垂不朽的，那个男人或女人会在一个地方永远等着我们，那么这是傻，因为爱情也不会永远停驻在一个地方。原有思维的不变，新的事物不断产生就会把旧有经验超越，外因是始终存在的，事物的发展变化也会自动寻求最佳的平衡点，也就是说是一个不断由旧的平衡点向新的平衡点变化发展的过程。毕竟事物在不断运动的过程中，又会产生新的事物，新的事物有它自己的运动规律。**应对事物变化的规律就是变化，而激发创造力的运动是确保旧的平衡点向新的平衡点过渡的保证。**

原谅不堪的我

——陈育林

花的生命
无须描述得美丽
绽放也是多余的话语
心灵要不是被蒙蔽
就是爱得有些迟疑
摔落的是花瓣抑或是灵魂
原谅无法决定问题的你
但不应原谅无法回应的人

从何谈起呢
在内心看了一眼自己
索性一言不语
在摇摇欲坠中
心平气和地央求
老去吧,老去吧
真的配不上你
原谅这个不堪的我
他的灵魂从未思考人生的意义

(绘图:林菇真,7岁)

第一篇　头脑心智

四、这世界存在着我们所未知的一切

　　大多数人穷其一生终究一无所获，神经语言程序学（NLP）认为95%的人生都来自程序的惯性运作。大脑里有上成千上万条的规条，为了适应生活是有必要的，在激烈的竞争中，**创新性的思维上不去，一味靠常规思维就难以摆脱人生落后的局面**。长时间做同一件事情，神经系统就会慢慢固化，这就是NLP所说的程序，每个程序会把人和事物连接在一起，变成固定的神经回路，神经系统就会捆绑着固有的行为和情绪，许多思维、情绪和行为都是提前设置好的。为了快乐而成功的人生，人要开始改变一系列的思考习惯。

　　"**思维框架**"现在通常指的是人们的思维模式、信念、价值观和预设认知，广义上是我们看这个世界的方式。**人们只了解自己感知到的现实，永远不会了解现实本身**。史蒂芬·柯维在他所著的一书《高效能人士的七个习惯》中说道：人的思维定式力量是实现思维转换需要首先了解的，主要指大脑的理解与解释。NLP首要的预设前提就是——地图不等于疆域（The map is not the territory），通过五个感官来感知和回应世界的所有信息，现实神经的地图决定了如何行动以及行为的意义，限制或者激励我们的不是现实，而是大脑综合地图的模样。人类本身的成长背景、经验及认知就构成背后真正的地图样貌，透过它来判断万事万物，也作为行动的根本基点。

　　人汲取的经验画出大脑的"地图"，这个"地图"是自己神经系统塑造的"地图"，并不是大家经验的"地图"，不等丁现实的"疆域"。假如你在一个城市生活二三十年，我问你了解你们的城市吗？你可能会义正词严地说，我当然了解我的城市了！那我问你，你们城市里面最大的公园有多大？公园里面有多少个石板凳？有多少绿植被？你不会知道吧，也说不上来的。把这个问题抛给十万人，也会有十万个不同的"地图"。我们所坚信的"真实"其实并不真实，和现实世界存在许多不契合的地方，离全面的事实有很大的差距，人们习惯在自己绘制的"地图"里兜兜转转。

【信息茧房】

没有足够的觉察和学习，经验会成为链接创造力最大的障碍。每个人其实都是一只"井底之蛙"，都困在框中形成自己的"框视"，**所谓的"框视"，就是人们利用仅有的经验来对周遭进行认知。**几乎所有的人都在认知的范围之内探索，很难超出认知的范围。稍微去觉察，我们就能知道自己的局限。科学家研究发现，人类用眼睛能看到的东西，只不过是这个宇宙空间4%的存在，剩余的我们既看不到也感觉不到，在这里边绝大部分是以能量的形式存在。科学家只能探索宇宙的规律，也仅仅是规律的发现者和应用者，至于宇宙的全貌他们都无法看清，就连爱因斯坦也感慨：**这世界存在着我们所未知的一切。**

信息爆炸的时代也并不见得会比信息匮乏的时代更加高效，由于信息技术提供了更自我的思想空间，哈佛大学法学院教授桑斯坦注意到一些人还可能进一步逃避社会中的种种矛盾，成为与世隔绝的孤立者。他在其著作《网络共和国》开篇生动地描述了**"信息茧房"**现象。伴随网络技术的发达和网络信息的剧增，我们能够在海量的信息中随意选择关注的话题，AI技术根据你的喜好和习惯为你量身定制一份个人日报（dailyme）。"个人日报"式的信息选择行为会导致网络茧房的形成。**人长期身处单一的消息环境，随着时间的推移，都会成为"聋子"和"瞎子"。**过度的自主选择，导致失去接触不同事物的能力，**不随时更新自己的大脑，就难以适应"明天的季节"。**

问题框架强调的是出了什么状况，聚焦于不想要的问题和后果；结果框架强调的是如何取得成果，聚焦于渴望的目标和成果。问题思维根植于悲观者的惯性思维中，用这样大脑地图描述世界的时候，原本无穷无尽的疆域被无情地忽视，积极的活力显得不够，拓展精神被紧紧框住。原因是现实往往不是那么简单，许多人都是很明确地想有一个丰富多彩的生命，只是都有各

第一篇 头脑心智

自的性格，采取的思维模式以及所带来的成果不尽相同。

地球上有约 80 亿人，一个人不可能把所有人的经验都放到自己的大脑当中。即使有能力做到这一点，对这个世界的感知也是止于眼前的，对过去没有办法感知，对未来也没有办法全面、准确地感知。任何一个人都非常的局限，没有绝对正确的理论，也没有绝对正确的观点，我们都要有足够的谦卑，不要狂妄不要失去诚实。因为，终其一生的学习我们还是寻求不了完全的答案。世间万物变幻莫测、无边无际，可悲的是我们都活在各种各样的偏见当中，浅见、短见、错误之见和一己之见充斥着生命的周围。现代管理学之父彼得·德鲁克曾说："**动荡时代最大的危险不是动荡本身，而是仍然沿用过去的思维逻辑做事。**"沿用至今的行为和思想去应对变幻莫测的当下，本身就是犯了经验主义的错误。有个简单的方法可拓展思维，常常去想想自己的思维是农村思维还是城市思维？是三线城市思维还是一线城市思维？是区域思维还是世界思维？我的生命活动还有更高级的吗？**想多了，你的思维就开阔了！**

【创意决定财富水平】

> 如果你并不拥有十足的创造力，丰富的想象力，对万事万物也没有太多的好奇和疑问，那么，我劝你最好离广告这行远一点。
>
> ——李奥·贝纳

财富水平有时候和运气有关，但最终还是思维决定。运气始终是有限的，拒绝让自己有更多的创意，就别想在商业中取得令人瞩目的成就。比如广告行业就是一个很注重创造力的行当，满世界都是广告、都是商品，为何有些广告和商品让人念念不忘？好广告不仅要解决销售问题，在争夺注意力的时代，好广告就是要有出乎意外的创意思维。讲直白一点，就是要给受众传递足够的印象。一个好广告都是和好的创意紧紧联系在一起。

"汉堡王"也算是美国的一家老的汉堡品牌，1954 年在佛罗里达州创立，虽一直秉持给顾客提供高性价比的汉堡快餐，可很长一段时间里还是一家被边缘化的汉堡品牌，如今却成为汉堡界的第三扛把子，一路顺利的发展得益于它们的创意不断。麦当劳每年会举办一次欢乐日，将当日销售的所有收入捐赠给儿童癌症慈善机构，这样不仅成本不高，又能提升品牌的正面形象。然而谁也没想到，汉堡王灵感一动，突然宣布当天自家的汉堡不卖了，并让店员引导客户去麦当劳那里消费，以此表示对麦当劳公益活动的支持。有时还故意让"汉堡国王"去麦当劳卖汉堡，这种反转式的行为往往出乎人的预料，让人印象深刻，博得更多人的关注和喜爱。"汉堡王"现在的市场占有率虽然只有麦当劳的一半，但靠着点点滴滴的创意，把自己升级到跟麦当劳和肯德基一个层次，成为年轻人另一个选择。

美国密歇根州立大学广告学系教授布鲁斯·范登·伯格（Bruce Vanden Bergh）认为好的创意与氛围息息相关，在天时、地利、人和的环境里，突破性的创意更有可能产生。经济萧条的时候，一定要有一个最棒的状态，多想想如何将产品卖出更好的价钱，如何让顾客深深地记住服务。1938年，钻石的销量急剧下降，一家叫戴比尔斯的珠宝公司找到广告公司寻求帮助，他们希望有好的创意可以扭转这种颓势。1939年，戴比尔斯公司的新广告"**钻石恒久远，一颗永流传**"推向社会，市场马上给出很好的反馈，把一颗小小的钻石包装成人们渴望永久爱情的信物，变成每一对新人的结婚必备物。

有创意的广告会为产品赋予一种情感意义，让人们产生共鸣，是指创意在吸引顾客表现出独特的气质，表现为个人的思想和情绪沿着被设定的方向扩展，使产品扩散到意识和潜意识里。**好广告的标准是产生有创见的新颖观念，背后的核心作用就是想象力，想象力为影响消费者的心智提供了广阔的通道。**正如这个广告所带给人们的启示一样，有更多创造力的广告可以让人产生更深的连接度。为何创造力能带来更多的财富，大部分人没有注意到的主要原因是按部就班的人或商家面临更多的竞争者，当周围出现同类竞争的时候，只能通过压低自己的价格来获得市场。分析一下自己有什么筹码可以超越这些同类的竞争者呢？尤其品牌想占领消费者的大脑，**除了要有过硬的产品，也要使用全新的概念来打动消费者**。你可能会说，因为本人比较笨，所以没有什么可以值得称道的，这样创造力指数就会非常低。事实上不需要很执着和用力地去追求这份潜能，它强调的是敢不敢想，至少可以到比现有思维更高一点的地方瞧瞧，在生命的路途中不至于失去太多能够帮助我们摆脱困境的机会。

【鞋类海底捞】

1999年，在嗅到了互联网卖鞋的创业机遇后，美国华裔企业家谢家华和他人共同创办了鞋类电商网站Zappos。为了强化顾客亲身体验的快感，谢家华显然没有待在陈旧的思维里出不来，在不断的头脑风暴后，他们希望顾客能够像和在实体店买鞋一样方便，创造"变态式服务"，让整个互联网的服务上了一个大台阶。Zappos为每一双鞋拍摄8个角度的照片，以降低消费者的决策成本，让他们更敢于在网上买鞋；Zappos允许用户每次买下三双鞋，寄回家试穿后把不合适的另两双寄回去，提供退货"运费全免"政策，并允许消费者收到商品后90天才付款，而且365天免费退换；注重客服的服务，提供详细的线上解答，用来解决消费者的咨询；此外，将仓库选址在UPS的机场附近，快递7天24小时运作，以保证送货速度，下单承诺4天送达，但用户常常第二天就收到。有时候客服会遇到"变态"顾客，客服人员就会充满亲和力和他们聊天，甚至还免费做起情感咨询，若是顾客没挂断电话他们也一定不挂掉电话，最长纪录曾经一次通话长达6个小时。即使在普遍服务水平较高的美国，Zappos也被称为"鞋类海底捞"，这使Zappos在销售上取得空前的成功，2008年营业额突破10亿美元，2009年被亚马逊收购。谢家华在商业上取得的成功，在于他拥有创新性思维，并给行业树立了标准和典范。

【换框法】

换框法，就是用新的思维架构（信念和价值观）去审视和解读我们遇到的事情或问题。突破原有的思维框架，找到新的目标和方向，将负面的事物转化为有价值的事物，让行为有了动力。把注意力从问题转移到效果上，从而找到更多方法。换框法换的是思想的维度，比如你有一个县的思维格局，你可以做一个县的生意；如果你有一个国家的思维格局，你的事业一定遍布全国各地；如果你的视野是全世界，那么你的公司就会是跨国公司。

创造力的艺术

通常许多人的生活都是单一的，包括他所说的语言也是枯燥的，据统计，我们每天所说的话和前一天有 86% 左右的相似，没有不同的语言就没有不同的思维。**有创造力的语言的保障功能，就是为沟通的问题提供尽可能多的解决方案。**这些语言跳出语言陷阱，并且显得轻松而有价值，在一定的程度上化解具有挑战性的沟通。

著名篮球运动员姚明在 NBA 打球的时候，经常有记者提出刁难的问题，有一次记者发问："为何中国十几亿人里，找不出 5 个能打好篮球的？"姚明回道："美国 3 亿人，怎么找不出一个打好乒乓球的运动员？"记者哑口无言。还有一次，一位记者直接对姚明发起挑衅："在中国，麦迪的球衣居然比你的卖得好，这很蹊跷啊，你怎么看？"姚明又轻松打趣地回道："这很正常，因为中国球迷早就有一件我的球衣了。"姚明幽默机智的语言回答，顿时让气氛轻松活跃了起来。

打破固有的思维模式，需要警惕惯性思维，就像开车一样，突然看见前面有一个障碍物，刹车不可能马上就停下来，车辆还会持续性向前滑行一段时间。思维比汽车还要有惯性。换框思维是人生重要的原则，创造者要具有一定的觉察力，不会对环境的信息、固有的经验以及正运作的思维模式失去敏锐，这也是 NLP 的四大支柱之一：敏锐感官。惯性有舒适性，并有一定的保守性，并不承担所带来的责任，**简而言之，惯性拥护是次序，而不是最大限度表达人们的天赋。**

重新架构可以创造新目标，主要有两种基本形式：

1. 内容重新架构

改变内容的意义，而不改变情境。

球员在足球比赛中被选为踢点球的选手，面对只有一个守门员和那么大的门框，射偏了。"我真是愚蠢，我搞砸了，真是糟糕透了！"你觉得如果从内心升腾出这样的声音对他有好处吗？如果换成以下的自我对话，会不会更好一些？"我想一定有需要成长的地方，回到训练场的时候我要多练习射门的角度，我想我就是那个最优秀的球员，才会被选为踢点球的，下一次我一定会踢得更好。"这种方法对于改变出现负面情绪的框架很有用，把过去的注意力转移到另一个地方，带来不一样的意义，从而带出好的思想。

苏格拉底年轻的时候，在大学里当教员，他跟很多还没有结婚的同事住在一栋7层楼房的第一层房间里，七八个同事挤在只有大概30平方米的房间里面，可是他每一天都很开心很快乐。大楼的管理员看到苏格拉底比别人更满意自己的住处，就问他："你的同事都觉得住在这个地方人多拥挤，可是为什么我总觉得你挺开心的？"苏格拉底笑着回应道："人多一点好啊，每个人都是一本书，我跟他们住在一起就像在读许多本书。"后来有些同事陆续搬了出去，他跟另外一个同事住在这个房间里面，苏格拉底每天仍然很开心，那个管理员就又问他："你干吗还那么开心呢，你不是说人多好吗，现在就剩你们俩了。"苏格拉底说："我这边有很多的书，每一本书都是朋友，我跟很多朋友在一起呢。"

住在七楼的一位同事家中有一位老人腿脚不便，就想跟苏格拉底对换一下，苏格拉底笑哈哈搬出低楼层，有一天大楼管理员碰到他又问："你住在一楼很开心，住在七楼为什么也那么开心呀？""七楼可以锻炼身体，并且那里比较安静。"后来这个管理员就问苏格拉底的学生柏拉图，你的老师似乎跟别人不一样，他到哪里都一样有好心态，可是我觉得他每次所处的环境并不怎么好呀。柏拉图说：**"决定心情在于心境，不在于环境，这是我老师的哲学。"** 这是古人所说的**境由心转**，改变心境，就能改变环境。

2. 环境重新架构

即改变环境，使某项行为变得更有价值性。

有个男孩表现得好动、调皮，妈妈找到咨询师，希望咨询师对孩子进行有效的引导。妈妈平时喜欢训斥，甚至打骂，把他看成不听话的孩子。其实这个孩子很聪明，并且在家里自己动手做事情的能力很强。咨询师了解到这个情况，第一反应不是教导孩子不应该继续调皮下去，在他看来顽皮的孩子内在更有创造力的因子，他们喜欢动脑筋，联想能力比较强。正常情况下孩子的天性就是好动、爱玩耍，这不是他们的错，反而是具有潜能的独特表现。儿童教育专家认为：乖乖的孩子没有挑战困难的意志，顽皮的孩子恰恰是父母捡到的宝。正如阿莫纳什维利在《学校无分数教育三部曲》里所说："**被**

唤醒的顽皮可以恢复人内心的一切。顽皮就是生活本身，是乐观主义和幸福信念的体现。"

环境是事物发展的外部条件，起着促进和阻碍的作用，环境好或契合，有更好的发展资源和空间。调皮的个性如果在运动场上或许有更好的发挥，在活动组织上会更有创意和活跃气氛；一瓶水在超市是平常价格，在机场、沙漠会有更高的价格。中国有一句经典谚语："**人挪活，树挪死**"，就是说人具有适应环境变化、自我改造的能力，挪动会带来更多生机。这个方法对于改变很难再有突破时的框架很有用，把人、事、物换个环境，带来不一样的资源，甚至可以把死路变成活路。

旧有的习惯都可以用来打破，创造力要在寻常思维的基础上反常得到，寻常思维是一种遵循过去常规的思维模式来思考、分析和判断事物。**既有的经验会自动滤除新的或有潜力的资料**，惯性和固定的思维会非常粗鲁地把有价值的体验排斥在外。正常的情况下寻常思维本身不会产生灵感，创造力是建立在开阔性的思维上，须尽力摆脱旧有经验的束缚，敢于天马行空，才有可能出现更多灵感，发挥更大的创造力。**实践证明，任何依赖过去固有思维路线的大脑，是和新目标背道而驰的**。人面对不同的事物要有不同的思维、不同的理念，把看不见的思路都给找出来，思维就越敏捷越开阔，灵感自然而然愈加丰富，创造力思维出现的机会也就更多。客观事物就是真实存在，感知这些事物的信念不同生产出不同的行动，发生变化的条件就是作为感知客观事物的主体，感知的能力才是事物发生变化的条件。

【天才的人与未来有更亲密的接触】

苹果手机是当今世界上最优秀的一个手机品牌，当初苹果手机要面世的时候，乔布斯所想象的手机就只有两个按键。用过诺基亚手机的人都知道手机有很多按键，假如你生活在那个时代，作为一家手机的制造商，你有没有可能拥有如此的想象力，是不是很难从原来固有的思维框架脱离出来。可乔布斯的脑袋瓜却想出前所未有的新一代移动手机，若没有拥有高超的创造力意识，**摧毁过去赖以生存的经验是何等的艰难**。这么说来诺基亚的失败并不

第一篇　头脑心智

是犯了多大的错，即使是那些富有创造力的科学家，他们也不见得就都能拥有这种破天荒的创造力，不然诺基亚就不会消失，不然三星就不会落后。当身边的高管问苹果公司创始人史蒂夫·乔布斯："不是说顾客是我们的上帝吗？我们来问问我们的顾客吧，他们到底需要怎样的一款手机。"作为科技史上最伟大的创新者和富有远见的商业天才做出这样的回答："消费者并不知道自己需要什么，直到我们拿出自己的产品，他们就会发现，这是我要的东西。"苹果的巨大成功已经证明乔布斯是对的，去问消费者需要什么样的手机，他们可能还是想到许多按键的手机，而那个手机其实就是诺基亚手机的样子。

乔布斯考虑的是消费者有没有这个创新能力，这样的事情只能交给苹果公司自己来干。如果苹果公司生产出来的产品不是让全世界的人为之惊讶的，那么苹果手机就会在时代里失去位置，消费者就不会对你的产品做出积极反应，因为产品与消费者的预期差不多，这样的产品就很难在市场上受到持续欢迎。**创新者懂得如何把从未面世的东西带到这个世界当中来，他们有一种超强的能力，就是和未来保持亲密的关系**。人们想都没有想过的东西往往会把消费者迷住，有时候顾客也有改变的需求，可他们也不知道，顾客的思维大多停留在实用就好了。

企业的成功与否由创始人的思维决定，"瓶颈"也是由创始人的思维局限决定的。福特汽车公司的建立者亨利·福特（Henry Ford），他是世界上第一位使用流水线大批量生产汽车的人。福特从小就富有好奇心和很强的动手能力，梦想着去制造一辆靠本身的动力运行并能载人的新机器，他把这种机器叫作"不用马的马车"。他也是认为福特不需要去问客户需要什么样的交通工具，假如客户说需要的是一辆马车，难道福特要为客户制造出马车？一家企业没有持续的发展，一定是创新能力遇到了"瓶颈"，**客户是不太愿意花时间去思考他们到底需要怎样的产品，可客户显然很喜欢新的产品**，这也是为什么那些著名的汽车制造公司每年一定会推出新的改款车型。

人类的每一次创新都是打破常规的，伊始也往往不被理解。爱迪生的灯泡发明曾被认为是骗局；文艺复兴时期意大利伟大的哲学家、科学家乔尔丹诺·布鲁诺，发扬了波兰科学家哥白尼的"日心说"，提出"宇宙无限说"，还提出了唯物主义思想，这些学说及思想不仅不被理解，他最后还被处以火刑；连当马桶面世的时候，都有人不习惯和抗拒，怎么可以在屋里上厕所，又不是动物，因为人类很长一段时间都在外面拉粑粑。有人说：公司里有一个扎辫子的男员工，就不缺乏有创造性的idea，他们更倾向追求出新。曾在网络上看到一个人在头上种树，那种发型非常的奇怪，在价值观不单一的人那里不会被视为怪人，他们会认为这是一种生命力独特的表达。创造力并不是科学技术征服人们，而是人类改造自我的结果，敢于突破自我才是推动人生发展的重要力量，生活中每一次飞跃都是人类创造力的喷发，最终不是人类超越自然，是我们超越自身局限的胜利。

人们会把天才视为外星人，他们常做出匪夷所思的事情。巴西的著名球星罗纳尔多在巴塞罗那效力期间，在一场对阵孔波斯特拉的比赛中，罗纳尔多面对多名对手的严防死守，一路过关斩将杀入禁区，成功踢进一个难度很大的进球。主教练罗布森在赛后的新闻发布会上毫不吝啬地夸赞起罗纳尔多："我感觉罗纳尔多不属于我们生活的星球，因为他的技术，地球上再没有人能够达到。"此后媒体就称罗纳尔多为外星人。天才确实是人的先天才能，但这并不是他们被人记住的原因，本质是一个人天分与勤奋的深度融合。那些为世界做出巨大贡献的人，归根结底，是因为他们具备不走寻常路的勇气和决心。

"框架"是指在互动中为思想和行为提供指导的关注点和方向，**框架会"标记"体验、指引注意力**。"重构"是指根据情况如何被看待、体验来改变概念观点和情感设置。当"框架"被更改时，其意义将自动更改。重构代表了将某一事件、经历、行为、信念等从一个框架带到另一个框架的能力，从而为新的学习、更大的自由以及出现在思考和行动中更多的选择提供了机会。

【凡事必有三种以上解决方法】

1. 对事情只有一种方法的人，必陷入困境，因为别无选择。

2. 对事情有两种方法的人也会陷入困境，因为他制造了左右两难，进退维谷的局面。

第一篇 头脑心智

3. 对事情有第三种方法的人，通常会找到第四、第五种方法，甚至更多的方法。

4. 有选择就是有能力，所以，有选择总比没有选择好。

5. 至今不成功，只是说至今用过的方法都得不到想要的效果。

6. 没有办法，只是说已知的办法都行不通。

7. 世界上尚有很多我们过去没有想过，或者尚未掌握的方法。

8. 只有相信尚有未知的有效方法，才会有机会找到它并使事情改变。

9. 不论什么事情，我们都有选择的权利，而且不只是一个。

10. "没有办法"使事情画上句号，"总有办法"使事情有突破的可能。

11. "没有办法"对你没有好处，应停止想它；"总有办法"对你有好处，故应把它留在脑中。

12. 为何不使自己成为第一个找出办法的人？

人类所表现出来的态度和行为源于信念系统，信念的真实之处就在于：卓越的信念让人更有能力和力量，限制的信念让人失去成功和快乐。信念里总是认为"一定有办法"，让问题更有解决的可能性；认为"一定没有办法"只会让问题继续存在。**在追求创意性的人生中持"凡事必有三种以上解决方案"会让我们更加灵活和有弹性。**

二战时期，美国一艘潜艇在海上执行警戒任务时发生了机械故障，潜艇上的22名船员跟着潜艇迅速沉到了海平面50米之下。由于海水的压力，船员根本无法逃生，被救援也是毫无可能，如果长时间困在艇内，所有人都会因缺氧而死。在大家束手无策的时候，突然，有一位老炮手站了出来，他认为应该还有其他方法，而不仅仅是破舱或等待救援这两种选择，最后他提出利用鱼雷发射管把人弹射出潜艇。大家进一步研究发现，人一旦受到水压的影响，肺泡会经受不住扩张而爆破，在发射前每个人必须排空肺部的空气，然后屏气30秒。历史上从来没有人用这样的方式从潜艇逃生，教科书更没有教导船员如何从鱼雷管逃生。舱内氧气还有几十分钟就耗尽，与其坐以待毙，不如寻找更多的解决方案，**上帝不会给人超越不了的困境**。接下来所有船员按照发射前需要做好的事项，一个个从鱼雷管弹射到海面上。

在行为上有更多选择的人是善于主动改变的人。我们每个人可能都讲过这样的话："这件事情我没有办法了!"这其实是一种思维困境,不负责任的行为,我们完全可以选择无数种方式来取得更好的效果。越有选择能力就越强,选择代表能力,身上有一个技能还是三个技能,能力是不一样的。超级畅销书《高效能人士的7个习惯》作家史蒂芬·柯维是享誉世界的管理学大师,他在创新思维和管理等领域久负盛名,一生都在研究个人和组织如何发挥高效能。史蒂芬·柯维在他写的另一本书《第三选择:解决所有问题的关键思维》中讲到"第三选择"是一个人思维习惯中"最具启发性、最具影响力和最具凝聚力也最激动人心的原则"。他说人们在遇到问题时,习惯采用的第一选择,这是自己的思维方式,而第二选择是他人的思维方式,当只有两个思维方式的时候,仍然不够,会陷入两难困境,不妨试试第三选择,超越"你"和"我"的各自思维,避免为自我利益产生耗能的冲突,寻求我好、你也好的方案。这也是一种换框思维,**许多挑战其实只是我们不能看清思维的盲点**。我喜欢史蒂芬·柯维的一些观点,他说,我注意过,即使是那些声称"一切都是命中注定的,而且我们无力改变"的人,在过马路前都会左右看。他也分享自己关于爱的理解:爱是一个动词,爱的感觉是爱的行动所带来的成果,所以请你爱她,为她服务,为她牺牲,聆听她心里的话,设身处地为她着想,欣赏她,肯定她……

记住以下三句话对你的日常生活非常有帮助:

一个选择:没有选择;

两个选择:左右为难;

三个选择:才是真正选择的开始。

【自己是自己最牢固的监狱】

匈牙利裔美国人哈里·胡迪尼是一位魔术大师,他是享誉国际的脱逃艺术家,能不可思议地解开绳索、脚镣及手铐。他曾经声称可以从世界上任何一所监狱中越狱,他需要做的,只是穿着便衣,走进监狱牢房中。

美国南方一座历史悠久的监狱,听说了胡迪尼的声明,他们接受了胡迪

第一篇　头脑心智

尼的挑战。在挑战当大，监狱外聚集了很多人，他对众人说："我会在 1 小时内走出监狱，一点问题都没有。"胡迪尼脸上带着自信走进监狱，进入了牢房，然后关上了他身后的铁门。胡迪尼做的第一件事是脱下了他的大衣，接着他解下了腰间的皮带，秘密藏在胡迪尼的皮带里，有一根 10 英寸长的铁丝，非常坚硬又非常有韧性。

接着胡迪尼开工了，他用铁丝深入钥匙孔，可是怎么也打不开门，大约 30 分钟后，走进监狱时的自信神情消失了。一小时后，他变得大汗淋漓，感觉很没面子。大约在两小时后，一败涂地的胡迪尼瘫倒在铁门边。突然铁门自己打开了，原来那扇门根本就没有锁上。但这并不完全正确，对吗？

那扇门确实锁上了，锁在胡迪尼的内心，他的思维被牢牢地、彻底地锁上了，因为他坚信这扇门一定是被世界上最优秀的锁匠上了锁。

人的思想枷锁是非常牢固和强大的，人深深相信一些东西，秉持这些经验和能力。人生中有很多扇门，你认为锁上了，就从此锁上了；你认为没有锁上，就可以开门了。

非洲有一个谚语：当你内心没有敌人时，外界的敌人对我们毫无威胁。你的思想，是你面对的最强大的力量，你是你自己最大的对手，你是自己最牢固的监狱。你要领导他人，首先要领导好自己。思想会对你撒谎，告诉你：你做不到，你不是那块料，你不够优秀，你不能再继续坚持了，你没有那样的能量！只要身体还能动，大脑还能思考，我就有无限的希望，即使被关在某个空间里，仍能够找到这些思想"监狱"最佳的钥匙。唯一锁上的门只在自己的内心中，现实的门是敞开的，我们需要做的，是从门中穿过去。

成功者不是只在特定的时间和空间里活动，他们拥有能够在任何条件里涌现出的破框思维，不是只在行为层面寻求解决方案。比行为更高的层次是思维层次，思想的维度变化必然带动行为的改变，提升思维层次比努力更重要就在这里。NLP 重在思维层面，将思维看作是人改变的关键点，行为与思维是表和里的关系，行为品质好坏的核心在于思维的发展和提升。

【贫穷真会限制你的想象】

凡是无止境的事物总是容易限制想象力，比如关于财富。现在大家都知道的一个话题——财富自由。为了追求更美好、更自由、更有表达力的人生，绝大多数的人一生都在追求财富，并且常常幻想另一个世界的生活。然而，当处在生活的窘境，关于财富的想象常常让我们瞠目结舌。

你觉得这个世界上最贵的手表会是多少钱？你可能会说没吃过猪肉，但也见过猪跑，顶多就是几千万人民币吧。那我告诉你，生活还是限制你的想象。2021 年英国著名钻石珠宝商生产了一款叫"幻觉"的手表，它的价格是 5500 万美金，折合人民币 3.5 亿元。关于这样的现实让我们无法想象，其实想象力还根本没有触及极限。**在一个充满自由想象力的世界里，人们往往无法意识到是自己的思维存在缺陷。任何形式的局限在某种程度上讲是有害的，是具有破坏性的。**它不是集中在物质的匮乏上，背后是人的能力，如思维、信念、经验、想象力等的贫乏。和那些富可敌国的超级富豪相比，最残酷的一面不单单是财富差距，而是想象力限制了我们所有人原本美好的人生。

思维的宽度、张度以及丰富度造就了贫穷和富有。**人越能去扩展自己的想象力，在某种程度上将获取更多的财富。**

思维要靠思维来征服，有人说得到一千万，不如养成个好思维。我们都需要对自己的旧思维保持警惕，心理上还是生理上一旦养成某种习惯，很难改变它，主要原因是神经系统已形成，潜意识会顽强抵抗改变，明知道不好，却戒不了。如果一个人非常成功，说明他在人生中拥有这样卓越的思维：

1. 找出惯常思维；
2. 列出惯常思维的坏处；
3. 不断更新思维。

信念和价值观具有主观性、稳定性和持久性，埋藏在每个人的思想深处，在幕后操纵着一个人的所有动机、需求和行为。通常人不会意识到自己思维的品质，如果不能站在一定的高度，我们无法有更多的生机和活力，并超越自己的过去。任何行业都可以用新思维重新再做一遍。因此，当人生或事业没有太大进步的时候，**就是脑子急需装下一些新东西的时候**，换个新思维吧，把人生调成不断学习成长的频道。

为你祷告

——陈育林

一切都围绕着讨论它
将饱满的生命变得无足轻重
争先恐后地起身没有问题
我暗中观察你
这么久了,你还是无法找到路径
金子在你的心里
从一开始就静静地成就你

不要朝向看得见的金子
那里不是流着牛奶和蜜的地方
不信,你继续追
它会像鹰一样飞开
像鱼一样从水里溜走
继续,继续追吧
如果不担心梦有一天被撕碎
继续,继续追吧
为你祷告,睡吧

(绘图:郭梓辰,8岁)

第一篇　头脑心智

五、"踏进对方的靴子"

美好的事物就是创造力的果实,是造福社会的重要资源,有利于相辅相成,为你所用。**毕加索曾说:模仿是人类一切学习的开始,然后才是创新**。只是差的模仿者模仿皮毛,伟大的模仿者窃取灵魂。模仿是社会发展的重要形式之一,人类一直是从模仿中走出来的,人类模仿蝙蝠发明雷达,人类模仿鲸的流线体,提高轮船的航行速度,人类模仿鸟翼,制造出了飞机。**模仿是一种优美的创造力艺术**,所谓的独创,不是别的,就是经过深思熟虑的模仿。

【先模仿,再超越】

NLP创始人理查·班德勒和约翰·格林德正是运用"模仿"和"后设"两个绝佳的策略开创了实用心理学的新气象,他们首先把当事人的动作、语言和思想细分到足够小的单位,**善于照着那些部分进行外部模仿和内部模仿,从有意识模仿再到无意识模仿**。他们找到当时世界上最优秀的心理学大师,这些人都是在心理学领域的杰出天才。在最后的阶段,理查·班德勒和约翰·格林德把焦点放在四个人身上,他们就是:举世闻名的心理治疗师、第一代的家庭治疗师维吉尼亚·萨提亚,她从20世纪50年代起就在这个领域处于领导地位,是每个家庭治疗师心中"家庭治疗鼻祖";完形心理学创始人弗里茨·珀尔斯,他是近代最具情景性治疗手法的心理治疗大师,完形心理学赋予许多经典的心理实操技术,珀尔斯将身体作为主要的心理线索和方向,完形的核心精神"觉察",永远是人类意识成长的主要途径;享誉世界的人类学家格雷戈里·贝特森,是当时世界上最有名的人类学家和社会科学家,他同时是一位语言学家,在沟通领域有卓著的贡献;米尔顿·艾瑞克森,被誉为世界

047

上最伟大的沟通者,他是"策略派催眠之父",是临床心理治疗领域的顶尖权威,前面我们已经知道他在治疗实务上极具开创性的治疗手法,他也是我们这本书的主角。

"先模仿,再超越"是许多个人和企业的发展之道,是商业中一种有效的发展模式。这里的模仿不是指抄袭或完全复制,而是先借鉴他人的经验,用心去向有成果的人学习,等到有一定累积的时候,想着怎样去超越。这不仅要求具备很强的学习能力,更需要基于模仿之上的再创新能力,如果你想进入一个不熟悉的行业,最好的方法,就是先模仿。

"一直被模仿,从未被超越"这句话是大家很喜欢用的一个梗,它来自可口可乐的一句广告词。一直是最优秀的人或物品,常常是引领潮流的,自然容易成为他人学习的对象,虽有些被模仿者永远不会被超越,但是模仿一定程度紧随了被模仿者卓越的脚步。"NLP效仿模型"(modeling with NLP,简称"模仿")是NLP最核心的技术之一,目的是为趋向具体事物所创造的一个实用的模型,任何人可以运用具体的步骤、结构和因素等资源,这些资源几乎直接展现核心特征的过程。

美国流行乐男歌手迈克尔·杰克逊在全球拥有最多的忠实粉丝,直到现在仍然有许多人热衷效仿迈克尔·杰克逊独创的太空舞步,模仿他的明星艺人不计其数,他绝对是一个天才,即使回望他30年前的作品,人们还是津津乐道。2009年他的逝世成为许多歌迷心中永远的痛。我在美国旧金山的"渔人码头"曾经看过一个专门模仿迈克尔·杰克逊的街头艺人,他应该是我见过模仿迈克尔·杰克逊形体和舞姿最像的家伙,每次表演的时候都吸引许多人来围观。后来只要到旧金山市区,我都会去"渔人码头"喝杯生啤吃点帝王蟹,顺便也想去看他的表演。

模仿的目的是为趋向具体事物所创造的一个实用的模型,是个体再现他人最简单的形式,是掌握人与人经验互动最简单的方式:

1. 想深入了解某个事物的底层,分析和探究它的背后原理,得到事物具体的形式、内容和特殊性等;

2. 在生活中想要模仿一个在这个方面已经取得成功的人,用他的思维和行为方式做事，直至复制他的成就；

3. 观察他人实现的卓越成就的关键，来重复或修正一个表现以取得一个具体结果；

4. 形成一套如何组织和运作的特定方法，把它迁移到不同的系统中，保持高效运转，比如把管理一支冠军运动队的有效策略用在企业管理上；

5. 调整和重塑。模仿人、事、物时，就要去观察和重现信念系统、思维方式、生理状态和正确顺序等，这种内在、外在的模仿，必然离不开神经系统的作用，随着模仿越深入越通往潜意识。

印度作家萨古鲁认为**灵感随处可寻，创造力随时可见**。没有所谓真正的创造力，他说人类其实并没有创造事物，我们创造的一切其实只是对已有事物的模仿和改进。在他的观点里，人的身体就是最精密的机电系统和最复杂的化工厂，不管你创造了什么样的机器，所做的一切其实都只是在模仿。

模仿他人不要在表层结构戛然而止，而是进入到更深的深层结构。当我们模仿一个人的动作超过21分钟以上时，就会有灵魂附体的感觉，像小偷一样潜入对方的潜意识，能探知到他的内心在想什么。在NLP高级技术中我们把这个称之为**"踏进对方的靴子"**。在我10岁左右，当时我爸开了一个罐头厂。有一天晚上，我爸要去厂里，我妈就把厂里的钥匙藏了起来，我爸怎么找也找不到，就来问我钥匙到底藏在哪里，我竟然径直跑到阳台，手伸到一只破皮鞋里面，而钥匙很神奇就在里头，可是我根本没有看过我妈在藏这把钥匙。过后我自己都感到惊奇，我妈更觉得诡异，连"修理"我的念头都忘了。学习神经语言程序学后我才明白，身体模仿可以潜入内心，那段时间我经常屁颠屁颠跟在我妈的后面，已经和她心意相通。我们了解到模仿概念和技术的时候，可以从这里开始发展学习能力，因为模仿是人类最高效率的学习方式之一，善于模仿的个人或企业，就是善于成长的人或企业。

从这个意义上来讲，人和企业都有条件在现实生活中对成功者的模式做出反应，也做出比之卓越的先行者都毫不逊色的成绩来。懂得获取优质的资源，整合这些资源更好地为自己所用，在模仿过程中有一份自觉，激活创造力，展现出优美的超越，**复制卓越是一种成功元素解码**。中国的商业创新老是被人说成模仿和假冒，比如有人说淘宝模仿亚马逊，百度模仿谷歌，滴滴模仿优步等等，但近年来中国涌现的新一批创新型年轻企业家，创新驱动力和突破力越来越被其他国家所认可和重视。曾经的微信只是一个网络通信工具，可是今天的微信已经超越 Facebook 社交框架，它有购物和出行等多样功能，连美国微博巨头"Twitter"（推特）的新老板埃隆·马斯克都公开说，下一步就是模仿中国的微信。大疆在无人机领域全球没有一家有力的竞争者，成为大胆创新且具有才华的业界领导者，许许多多类似的公司都不约而同地在模仿咱们的大疆。希望所有中国的企业都能在创新上有足够的信心和热情，只要沿着创造力这个方向一直走下去，我们在国际上就有更多风光的表现。

六、"信心救了你"

追求自己的愿景和梦想，即使有一些看似无法冲破的现实局限，我们仍然要把它从心底释放出来。

【信念是行为的红绿灯】

世界有一套精确的且科学的运作法则，只是人类目前还在归纳和总结中，相信人类会越来越清晰地解释这个法制。科学上根本的信仰，就是人类能够运用实验、计算等方法来认识和改造自己的命运。人若想获取成功，一定有一个运算的法则，**这个法则随着人的自由选择而发生变动，这导致其与环境互动会诞生出不同的成果**。启动这个法则的决定因素就是信念系统，他人、父母、老师和社会会提供各种各样的信念素材给我们，选择和认可其中一些标准作为经验，这就是信念。

信念是行为的红绿灯，没有信念的允许，不会有行为的呈现，是人的信念把行为活生生地带进了这个世界。一个尚未得到信念下达命令的行为是无法完全展开的，行为只会接受来自信念的指令，行为如同木偶，信念就是木偶做出各式各样动作的操控者。拿破仑说："我成功因为我志在成功。"行为不过是内在衍生出来的产物，比如攀登一座山，行或不行都是信念决定的，信念认为可以，才会去展开攀登的行动。如果认为不可以，就不会跨出脚步。大脑指挥人的行为，当行为有了限制，是大脑不再允许，这就是信念和行为互动的最基本体现。寒冷的冬季躲在暖和的被窝里是一件很容易的事，但你会发现是信念在决定着是否要起床，信念里面有一个清晰明确的声音：现在必须起床，快迟到了，这个洽谈关系到很大的订单。大脑如果传达这个指令，你不会认为躲在被窝里更值得。从某种程度来讲，信念是命运的始作俑者，这也是自我的成长方式，**让信念比习惯高出一个层次**，信念系统里就会加入一些突破的信念，在此基础上就会发生一些创造性的成就。

信念的边界就是行为的边界，内在的局限造成外在的局限。这个做不到、那个做不到都是信念使然，要有创造力就是要有一种信念不设限的意识，尽量去超越限制。**人是自己信念的制造者，是自己为自己捆上了绑绳**。假如自己认为没有办法成为有影响力的人、现在做生意太难挣到钱、我搞不定孩子……一旦你有了这些信念，基本上原本有可能的目标就变成和你无关的事情了。NLP 中有很多卓越的信念，比如 16 条预设前提，所谓预设前提就是卓越的信念，把这些卓越的信念代入到大脑中，就会引导出新的行为，可能性就会无限增加。为了触碰到更多的可能性，需要找出限制性信念，一些最深的限制性信念通常都在我们的觉察范围之外。**人生最有效的策略或许就是：对未见之事的提前确定，以及给这个提前的确定更大的信任。**

【我是我命运的主人，我是我灵魂的领袖】

被尊称为"南非国父"的曼德拉，于 1994 年至 1999 年间任南非总统，是首位黑人总统。1964 年 6 月，南非政府以"企图暴力推翻政府"罪判处正在服刑的曼德拉终身监禁，曼德拉在罗本岛的狱室只有 4.5 平方米，在这里他受到了常人无法承受的命运。罗本岛上的囚犯被狱卒们逼迫到岛上的采石场做苦工，曼德拉和所有囚犯一样要干很多的活。监狱不单是枯燥的，每天还要面对艰苦且不公的日子，这种日子很容易夺去人的健康和信念。但曼德拉是个顽强的乐观主义者，坚信自己的理念能够让国家变得伟大，他像电影《肖申克的救赎》里的安迪一样心怀信念之光，心怀自由之梦。在 27 年的牢狱里日进一步，始终百折不挠，深陷黑暗世界也从不放弃对信仰的追求，他对自由和平等的追求逐渐赢得世人的尊重。曼德拉在狱中经常用英国维多利亚时代（19 世纪）威廉·埃内斯特·亨利的一首诗《成事在人》来激励自己。

夜幕中我独自彷徨，

无边的旷野一片幽鸣。

第一篇 头脑心智

我感谢一切上帝的意愿，
赐给我不屈的灵魂。
任凭恶浪冲破堤坝，
绝不畏缩，绝不哭泣。
任凭命运百般作弄，
我的头在流血，却没有低下。
在这充满悲愤的土地，
恐怖幽灵步步已趋，
纵使阴霾常年聚集，
始终无法令我畏惧。
且不管旅途是否顺畅平稳，
不管承受多深重的创伤，
我是我命运的主人，
我是我灵魂的领袖。

近30年的牢狱之灾没有击垮曼德拉，他并没有多么强壮的身体，而是内心具有强大的信念，没有这一点他不可能走出监狱，更不可能带领南非成为非洲最伟大的国家。信念就是信心，信念就是生命，信念就是奇迹，信念就是无限的可能性，信念永远跟命运相对应。**没有所谓的运气，你的力量，你的信念决定你的命运。**归根结底，内在的信念才是人发展的根本保证，是人在社会上的立脚点。失去了信念，就脱离了力量的根本，意味着在人生各个层面的落后。信念系统是一个人改变的核心和基础，要取得任何形式的成功，必须从信念出发。那些看起来无法改变的僵局之中通常都是限制性信念在作怪，在这样的僵局中，会让人觉得"我已经尝试了所有的方法去改变，但是全都没有用。"**成功地打破僵局需要先找到核心的信念，并将其放在最合适的位置，**接着就等着信念来慢慢揭示个人和组织的命运。

美国太空探索技术公司（Space X），是由埃隆·马斯克建立的太空探索技术公司，它开发了可部分重复使用的猎鹰1号和猎鹰9号运载火箭，发射并回收火箭是人类科技史上一个伟大的创举。埃隆·马斯克所做的每一件事情似乎都让世人觉得匪夷所思。很多年前，他认为信用卡支付是不方便的，于是他发明了 PayPal，比支付宝早了六年；他认为汽油车是过时的，创立了电动汽车品牌特斯拉，成为当今世界最有竞争力的车企；现在他又认为人类未来居住点最好的选择是在火星，正热情满怀推进移民火星计划；他还创立一家地下高铁公司，旨在发展出一种可以超越飞机速度的高铁；不远的将来在全球任何一个角落都会有免费的 WIFI 信号，那是埃隆·马斯克正在进行的太空星链；为了让绿色电力走进千家万户，这个"硅谷钢铁侠"已经准备大面积用太阳能板发电来维持家庭的全部用电……这一切都取决于他的信念和精神。埃隆·马斯克有一个座右铭：**梦想的成功需要有永远不放弃的信念，更不要被别人限制性的信念所影响。**

有记者问埃隆·马斯克："你觉得在火星上面居住，是人类最好的归宿吗？"马斯克直接回答说："不是的！"接着他说，我们花那么多的技术，花那么多的精力，花那么多的金钱，不是要去火星过上更加舒适的生活，事实上那里永远没有家里睡得舒服，到达火星恰恰是挑战的开始，要这么做是**因为人类有责任探索人类意识的边界**，即使未来人类不适合到火星居住，我们的探索也必将把人类带到一个新的地方。有时候意志上的拓展看起来毫无意义，甚至是愚蠢的，然而正是这种强劲的信念把旧有的想象力带到一个全新的空间，接着迁移到人生的各个层面。做任何事情取决于自己的意志，最怕的是认为生命只有一种可能性。我在第一本书《他人很重要》里，已经非常详细地阐述了信念系统运作的方式，整本书可以说是我的教学手册，可以帮大家进行课程设计和教学目标，建议你坚持把它读完，它是我人生一次珍贵的经历，蕴藏着我对 NLP 的深情。

火苗

——陈育林

无数的火苗跳跃升起
想必灵魂在挣脱木的身体
像一颗小行星并进轨道
语言一度变得无法言喻
我努力让自己平衡
但这一刻真不想再装着毫不在意
决心举起双手随火苗飞舞
或许你觉得我发疯
你所谓的正常生活
品质又如何

众多的光如果都是属于他人
那一样令人无地自容
火苗向哪个地方去呢
深深地呼吸，呼吸……
向高出我们之上去
向听得见"造物主"声音的地方去
从此，借着它独自面对一切
并寻找到梦幻般的爱

（绘图：陈玥安，6岁）

七、信息差——眼界是基础

人与人最大的差距在哪里呢？为什么人都拥有大致相同的大脑神经系统，可是最后思维乃至命运却大相径庭？人类学家对人的思维研究的几个结论，放在首位的是这么一句话：**低思维通常缺少信息来源。真正的原因就在于大脑摄入信息的不同。**NLP研究发现人的大脑都会存在信息删减、扭曲和一般化的过程，无论身处怎样的环境，都会面临着信息不全面、信息不真实和信息不精确的客观问题，最终会导致人的信念和价值观的巨大差异。

【高维打低维】

绝大部分的人还是没有把"信息改变命运"的理念上升到更高的理解层次，在对待新知识和新信息上不怎么上心，却对一些低俗的视频趋之若鹜，不去思考所接收的信息全面吗？真实吗？精细吗？信息的极限就是思维的极限，而思维的边界就是我们人生的边界。**信息差造成思维差，最后高维打低维。**大脑的发育很大程度上是需要依靠信息的，获取信息的要素就在于它刺激神经系统，信息来源越有活力，就越会拓展人的意识边界。**一个人若只有单一的信息，容易造成辨识错误和认知偏差，沉浸在自我营造的虚幻优势之中，高估自己，无法客观评价他人。**多扩展信息的边界，相当于多了一个更高的思维；也正是信息帮助人们打开了创造力的阀门。

我小时候做过最糗的一件事，就是信息差所造成的。读小学时我的写作水平是全校最高的，学区组织作文比赛经常由我出赛。五年级的时候，学区又举办一次作文大赛，学校专门叫一名老师骑自行车载我到镇里。每个学校都派出自己最好的选手，我们一人坐一个座位，紧张地等待这次重要的年度

第一篇　头脑心智

作文。跟以往考卷不同，这次是看图写作："一个老奶奶戴着老花镜在缝衣服，一不小心把针掉在地上了，小明拿着一个'黑白的U形'东西蹲在地上，似乎在寻找什么东西……"我从来没有看过"黑白的U形"这个玩意儿，无从下笔，看着其他学校的选手都在狂写，感觉如烈日灼心。我鼓起勇气问监考老师那玩意是啥，老师轻蔑地瞟了我一眼："你们老师没有教过吗？"我的头绪像是无头的苍蝇四处乱窜，那种写不出来的苦闷令我几乎要窒息，看着时间一点点过去，我只能懵懵地写了一通。大概过了两个礼拜，我去学校的办公室，所有的老师都在窃窃私语："我写的作文都偏题了，获得全学区倒数第一名。"至今我还清晰记得那脸烧红、头晕目眩的糟糕感觉，甚至不知道怎么走回教室。我后来才知道那"黑白的U形"玩意是磁铁，因为我们农村的小学没有懂物理的老师。

在信息不流通的社会，一个在农村的女孩能接触到的男生是有限的，她认为最好的男人就是村里最会干活的青年，而在城里读书的女孩可能就会有不同的标准。人与人之间的差别，最大的地方在于信息差，人看到的、听到的和想到的都来自感官系统的总和，信息差就是我知道的你不知道。"你永远赚不到你认知之外的一分钱"，这说的其实就是你赚不到你信息之外的钱。通常两个人在智商上不会有太大的差距，差距在于眼界和思想，而眼界是基础，掌握信息更多、更全、更准者，则更占据优势。

许多留学生回国创业成功的原因，其实就是信息差。在改革开放初期，我们能看到和感受到西方国家很多比我们要先进的地方。留学生知道哪里有热门的东西可以"搬"回国内，而没有见识过的人根本不知道如何开始。福建泉州从19世纪中叶之后的晚清时期就开始下南洋，这里曾为全国40%的女性提供卫生巾，就是因为他们到海外探亲访友时受到启发。另根据人类学学者调查，新石器时代的原始人对女性月经是有恐惧心理的，那个时期人们认为月经是魔鬼附体，会给部落带来厄运，女性在月经期间会被种族强制隔离。随着社会文明逐渐发展，女性才一步步挣脱"月经羞耻"。我们可从中看到思想和信息的差别会给现实的生活带来极大的影响。

"信息差"就是"信息不对称"，指在社会政治、经济等活动中，一些人拥有其他人无法拥有的信息，由此造成信息的不对称。掌握信息比较充分的人，往往处于比较有利的位置，而信息贫乏的人，则处于比较不利的位置。**没有发现新的信息，人们通常不会倾向主动去尝试**。不停地获取信息，实际上是不断地在追踪这个世界的变化，信息关乎人的观念，所吸收的信息都会慢慢形成认知，并随着时间趋于固定。人们根据接收到的信息去理解这个世界。从事培训教育的朋友都知道，一个培训师的成长模式也非常简单，上课成长、增加头衔、营销上课等等。他们也是利用各种信息差到处学习，掌握和利用了别人所不知道的资源和渠道来自我成长。

大部分人的思维是被动接受信息。在这个互联网高度发达的时代，别自信地认为自己掌握了绝大部分的信息，并对吸收的信息坚信不疑，这容易让自己陷入自闭和顽固。信息落后会怎样？全球科技高速发展，迭代速度肉眼可见，人与人的差距持续变大了。个人或国家如果闭门造车，相当于失去了先进的思维，脱离了与时代同步的脚步。即使现在随时可以从网络上搜索到你想要的各种信息，也同样面临着巨大的信息差困境，并且人与人之间的信息差，比你想象的要大得多。人也不是神，不可能全知全能，人得到的信息始终是有限的。

充分利用信息，资源为你所用。资源对任何领域都是不可或缺的，拥有更多的资源，就能比他人早一步。智商的差距已经逐渐消失，信息差变得越来越重要，信息常常因为平淡无奇为人所轻视，然而它确实具有相当大的功用。有些人之所以能成功，就在于他懂得利用信息和资源，发展自身的优势能力，积极突破"**信息茧房**"。人都要争取在固定的信息圈寻求突破，不断追逐新时代的脚步，一同呼吸，一同前行。**这个世界一切的资源不为你所有，然而一切的资源都可以为你所用。**

【突破圈层】

人类是社会性动物，喜欢寻找一种归属感，渴望与他人建立稳定且有意义的关系，从而带来内心的安全感，人们常会通过寻找相同的频率来展开生命活动，比如找朋友或者伴侣时倾向于类似兴趣、三观相匹配、信仰相同等。

可人若长期处于一个偏安一隅的圈层里会导致信息的闭塞，因为圈层的特点是相似性和排他性，很容易把我们禁锢在相似经验的环境中。如果你的身边有一些朋友，他们总是带给你新的观点和广阔的视野，说明他们的知识密度和人生格局一定比你大，那么你应该去留意他们有怎样的圈层，主动去加入他们的圈层。《道德经》里讲"天之道，损有余而补不足；人之道，则不然，损不足以奉有余"。意思是：自然的规律，是减少有余的补给不足的。可是社会的法则却不是这样，要减少不足的，来奉献给有余的人。每当我们到更高级的圈层时，首先放下自己的认知，试着学习更高层面的经验，再去思考这些经验对自己是否具有新的用处。

八、创造性接纳

我们会惊叹世界的丰富与奇妙，地球有品种各异的爬行动物、两栖动物及哺乳动物等，植物又有种类繁多的苔类、蕨类等。有没有想过这样一个问题，假如你拥有创造地球的能力，想象力是否会触及亿万种的生物？还有那千奇百怪的样式？这个世界有着许多不同的民族和国家，每个民族和国家都有着不同的风俗和习惯。人生观、价值观和世界观构成了一个人的"三观"，很多人对世界观的理解仍然很模糊，**世界观泛指的是一个人对这个世界根本的观点和看法**。世界观重在怎样观察世界，这个世界有多大？有多少国家？有哪些民族？世界各国的文化、政治、经济、军事、生活习惯是怎样的？了解得越多，了解得越细，对这个世界的观点和看法就会发生不同，就不会陷入单一。人们会逐渐意识到我们跟世界并不是对立的关系，而是包容的关系。世界观比人生观和价值观的定位有更高的理解层次，**一个有相对正确世界观的人，他们对这个世界更充满了好奇心，不狂妄自大，有更开阔的视野和胸襟。**

【问题是包装好的礼物】

在过去的生命当中，有没有人说你不够好？说你不可爱？你的回答肯定会是：是的。没错，**曾经觉得这种声音只针对我们一个人，所受到的伤只是自己一个人所受的伤。**所有人都受过伤，包括每一个聪明或成功的人，他们也都遇到过这样的对待。但是正如芒格所说的，这种受挫，也许会给自己带来更多的领悟，若是能帮你去调整自己的行为，那就更好不过了。我们或多或少都有一些对自己感到不满意的地方，比如相貌、身材、地位和财富等，无须太用力去推开这些所谓的伤痛和缺陷，与其抗拒不如接纳，试着与它们

第一篇　头脑心智

建立一种人性化的关系，转个身更热情地去拥抱它。

【大牙缝女孩】

一个21岁的女孩找到艾瑞克森，说她失去了父母，不爱跟人交往，她曾希望有个丈夫、有个家和孩子，但越来越觉得这些可能会是奢望，因为她认为自己丑死了，到现在还没有男朋友，注定要成为一个老处女。她感到自己的人生就是辆破车，永远没有飞驰起来的希望，她很认真地跟艾瑞克森说："我想我太差劲了，不该再活下去。在我的生命结束之前，得来找一下精神科的医生，如果三个月的时间里没有任何的改观，那一切就都结束了！"艾瑞克森开始观察和了解她的情况，发现这个女孩其实身材挺好，看起来也挺有魅力的，可是她的衬衫跟裙子搭配得并不好，裙子甚至有点裂开，鞋子上有一些泥巴，头发也没有打理略显蓬乱。按女孩自己的说法，她最大的缺陷就是两个门牙中间的缝隙太大了，每当她要跟人说话的时候，总是用手捂住嘴，以至于从小到现在她感到极度的自卑。

艾瑞克森了解到她在一家建筑公司当秘书，还特意问她在生活中有没有哪个男孩对她感兴趣，女孩摇头表示没有，接着她想了一下说，公司里有一个男孩，每当她去饮水机取水的时候，那个男孩总是会跟着过来，十次有八次都是这样。事实上这个男生还主动跟她示好过，可是她一直以来都不敢跟他交往，甚至没有跟他说过一句话。艾瑞克森听到这里心里似乎有数了，瞬间就想到两个干预手段来处理这个问题。他向女孩提议："既然你那么不怕死，反正都是在走下坡路，那么在自杀之前你得承诺按照我的要求去做一些事情。"女孩回应只要不太荒谬就行。艾瑞克森要求她从银行存款里取出一些钱花在自己的打扮上，要去一家卖奢侈品衣服的商店，让那里的人帮助她挑选一两件有品位的外套，然后去一家高端的美发店，让好一点的理发师打理一下她的头发。女孩很乐意地按照艾瑞克森的提议去做了。

过了一周女孩再次来到艾瑞克森的办公室，她穿了一套很有品位的衣服，头发做了修整，整个人看起来比之前有魅力多了。艾瑞克森接着又给了她一个任务：回家在浴室里练习从门牙的缝隙里往外喷水，直到她能达到准确喷

创造力的艺术

到 1.5 米外的目标。她想这样的行为简直太幼稚了，有点想拒绝。艾瑞克森对女孩说你可是承诺过了的，于是她回家认认真真地练习起了喷水。

经过两周的练习，女孩确定自己从牙缝喷出的水可以准确击中 1.5 米外的目标。埃里克森又给了女孩一个新任务，周一上班时要她穿上漂亮的外套，当她去取水的时候，如果男孩跟了过来，要求她像练习牙缝喷水那样喷男孩一脸。女孩说这个太荒谬了，决定不干。艾瑞克森说，既然你的人生一直在走下坡路，就最后飞翔一次吧。经过艾瑞克森的一番鼓励，她觉得有点好玩，不过是"荒诞的白日梦而已"，决心试试。

周一上班，女孩按计划站起身去取水，那个男孩真的又跟了过来，她预先含一口水并躲在一根柱子后面，当男孩蹲下身取水的时候，女孩从柱子后面跳了出来，把水快速地喷向那个男孩的脸。这个男孩第一反应就是说了一句你这个坏蛋，但并没有什么动作。这个女孩按照艾瑞克森预先给的锦囊妙计，首先背身跑两步，然后再转身回跑戳一下男孩的胸。男孩这时终于反应过来，追着女孩跑，在走廊的尽头，男孩像怪兽一样抓住了女孩，从背后抱住了她并亲吻了她。这令女生感到非常的错愕。

第二天当她忐忑不安去饮水机取水的时候，那个男孩埋伏在边上用一把水枪喷了她，当天晚上他们共进了晚餐。又过了一周，女孩来到艾瑞克森的办公室，希望他重新评估一下她的病情。六个月以后，艾瑞克森在当地一份简报上面看到他们要结婚的讯息；六年后他们生了六个可以从牙缝喷水的可爱宝宝。

艾瑞克森就像个魔法师，似乎总是有方法解决问题。在女孩的信念里牙缝大丑死了，实在是太糟糕，人生处处没有希望。可艾瑞克森老师用心智把牙缝大看成是珍珠，所谓的问题秒变成幸福的路径。问题有时候就是上帝赐给我们的礼物，只是这个礼物有一个外包装，带来的是资源还是伤害，取决于是关注眼前的表象，还是跳出问题看资源。我们需要有艾瑞克森这样的心智，把问题看作是包装好的礼物，慢慢来揭开包装纸，不必过早归罪他人、环境和命运。**无论生命给予什么，都要有能力把它变为成功。**

第一篇　头脑心智

【不要去寻找唯一的意义】

　　事物经过不同的心智过滤就会产生不同的意义，产生属于自己的创作，**超越问题之美的答案往往就在于不要执着某一个意义。**一千个读者眼中就会有一千个哈姆雷特。人都有属于自我的立场，即使阅读的是同一本《哈姆雷特》，不同的读者的感受和观点也各不相同。确保人生没有那么多的自怨自艾，这就是每天自问的问题：**我是不是一个盲目的固执己见的人。**过分执着对待事物，**会让定义过于固定和单一，**无法看到每件事不同的面貌。懂得觉察自己是不是一"意"孤行，才不会总走撞墙的老路。

　　头脑心智重定意义是在不改变环境事物的客观前提下，透过主观能力重新认识事物的意义。外在事物不管怎么变，都是客观而存在，然而信念系统会生长出许多念头，一杯茶在一些人面前，它可能不是水，而是一种道；一朵花在懂它的人们面前，它不单是娇艳，而是一个鲜活的生命，在每个人那里都有各自的一杯茶和一朵花。

　　头脑心智以不同的方式去满足自我，这是因为信念系统用经验来过滤事物，为了防备再掉进从前的问题，跟"觉察"保持更近一点的距离，要采取观察的心态看一切，遇事不要拘泥于自己看待问题的宽度和高度，要求自己做深层的思考：这件事情真的只有一种解决方法吗？大脑多"走路"，把路径先给理清，三生万物，**凡事也必有三种以上的意义。**凡事有无穷无尽的意义，有好的意义，也有不好的意义，也有更好的意义。西方哲学的奠基者苏格拉底反对事物的单一化，他认为"真理"或许只能有一个，然而"意见"和"方法"可以各种各样，"意见"和"方法"可以随各人以及其他条件而变化。

　　不同的头脑心智在释放各种各样的意义。假如我们面前有一片玉米地，作为农业学家的你如何来看这片玉米地？如果你是一个商人如何来看这片玉米地？如果你正好跟你的恋人经过这片玉米地，它对你又意味着怎样的意义呢？一片玉米地在不同人的面前，会产生不同的意义，都是头脑过滤器制造出来的结果。接下来我们做一个练习，请大家找一个自如站立的地方，两手

创造力的艺术

伸到身体的前面，感觉在抱着某个东西，首先来抱一个 15 斤重的西瓜，闭着眼睛感受一下，这个西瓜对你来说具有怎样的意义？如果这个西瓜是从路边买的，它有什么意义？朋友专门种的送给你的，这个西瓜又有什么意义？双手再次伸出来，想象抱着一个 15 斤重的垃圾桶，闻一下这个垃圾桶会有怎样的味道？感受垃圾桶在手中的分量和意义，15 斤重的垃圾桶有什么意义？再次伸出双手，想象抱着一个 15 斤重的孩子，15 斤重的婴孩大概几个月，用手去触摸他的肌肤，想象看着他的眼睛，他也正好睁着眼睛来看你，这孩子对你来说有什么意义？假如这个孩子是你老公或老婆跟别人生的，头脑里又产生什么样的意义？刚才我们看似抱了西瓜、垃圾桶和婴孩，事实上抱的只是空气，是头脑心智赋予空气不同的意义。

孩子厌学不想读书，许多父母往往就只有一个定义：孩子这样的行为是危险的，将来一定不会成功和快乐，没有读书将来能干什么。天下的父母都是这样子的认知。**父母对孩子的未来定义过于单一，就会造成了解自己的孩子的局限，用最不经济的方式毁掉孩子的天赋**。一般父母看不到孩子与生俱来的天赋，可能天生就是音乐家、画家或运动健将等，成功需要先天的能力，更需要后天的环境。父母无法激发孩子的天赋，孩子的生命能量就被压制，不但没有物尽其用、人尽其才，而且会走向与天赋相反的道路。**孩子会对自己失去信心和感到没有价值，一生的努力也总觉得自己比不上他人。**我在美国 NLP 大学学习的时候，碰到一个以色列的 NLP 导师，她是五个孩子的妈妈，他们家的孩子没有一个去学校上学。这太不可思议了，我问她为什么会允许孩子不去学校读书呢？她回答我：一个老师至少要面对三四十个学生，不可能有那么好的精力去关注和爱每一个孩子，只有我们父母能够全心地爱着自己的孩子，**孩子也更喜欢跟爱他的人学习。**

三句转化问题为资源的口语：

第一句口语：欢迎，欢迎，欢迎！

第二句口语：这不是很有趣吗！

第三句口语：一定有它正向的意义！

遇到问题和挑战总是想到负面，人容易产生负面心智模式，这种看待世

第一篇　头脑心智

界的方式，未必与现实相符，许多都是杞人忧天。问题的源头是头脑心智，有人认为这是一个充满机会的时代，有人认为这是一个充满问题的时代。大多亲子关系的问题是因为父母习惯用单一的价值观来对待孩子身上的问题，**孩子带着人性来到我们的身边，父母在很局限的心智模式中，孩子的能量就会被粗鲁地对待。**有一天，我无意间发现16岁的大儿子用自己的钱偷偷买了一辆摩托车，当我把这件事情告诉家人的时候，他的妈妈非常地焦虑，他的爷爷奶奶也非常地担心。因为孩子是无证违规驾驶机动车辆，另外骑摩托车通常会被看作很不安全的行为，或者被定义为有问题的少年。然而我学过催眠，知道他在做这件事情的背后是有动机的，有一股能量在驱动着他，我先创造一个正向的空间来对待这个问题，而不是情绪马上失控，用怒火来给孩子严厉的教训。

欢迎！这不是很有趣吗！一定有它正向的意义！我们跟他认真谈了关于交通法规的规定，要求他在拥有驾驶证之前不能再骑车上路了。他却答应我们说得先找到买家才能把车卖掉，当时担心这是他的权宜之计，身边很多人都建议我们把他的车强制收走，而我们没有强制性要求他要这样做或者那样做，我看到他内心有正向的火花，我告诉他：我知道你热爱自由，我知道你想更好地表达自己，你能找到一个正向且积极的方式，让生命更加有意义，完全可以把这股力量释放到其他更正向的地方。9月1日那天开课的时候，他就把车给卖了，并带着一种更正向的状态和能量到了学校。用固有的认知去对待孩子的问题，会产生更大的冲突，有可能会惹来更大的麻烦。父母要有一种清洗自己的过滤器的能力，不要面对孩子的所谓问题过于敏感和无措，其实孩子的叛逆问题是不存在的，父母无须动不动就闷闷不乐或选择激进的行为。许多时候父母把孩子的问题看成是灾难，其实没有能力平复自己的内在，造成情绪失控才是更大的灾难。**给予孩子足够处理问题的空间**，那么，父母和孩子才能有良好的沟通关系，也能提高孩子的价值感。

欢迎并款待生活当中所有的事件，即使它看起来更像是一个问题，仍然愉悦地接纳，而不是抗拒性地推开。过去的三年里，新冠疫情所带来的冲击和变化大家有目共睹，许多人的企业和家庭都受到很大的影响。不过外部环境永远不是根本，只是一种新的考验，考验我们能不能在新的变化里建立能力和信念，考验有没有足够的智慧与一个可能变糟的世界共存，考验是不是在外在事物无法改变的时候，**仍然能从容地从中挑拣出资源的能力**，看到新的希望，有新的目标和方向，情绪高涨地迎向未来。

慷慨活着

——陈育林

那里是否有知的答案
在生与活之间
致敬造物主的恩惠
派遣为生命的守望者
在呼吸和血液里
有慢慢参透的谜语

在生与活之间
有着不曾活过的生命
同真实的音容阻隔
万万不可当一名可怜的苟且者
回绝修葺灵魂的请求
至少无尽无休地求知着
将星空揣在怀里
在宿命前，慷慨活着

（绘图：蒋博彦，11岁）

九、每一个父母都是天才的创作家

青少年的心理问题层出不穷，是因为大部分的父母企图复制上一代的意志来对待下一代的孩子，他们的管教也大都是陈旧的方法，跟不上孩子飞速发展的时代。我们常说，当成长速度跟不上老板时，你的工作会出现问题；当成长速度跟不上爱人时，你的婚姻就会出现问题；当成长速度跟不上孩子时，你和孩子的关系就会出现问题。为了不让亲子关系出现问题，父母的成长速度甚至要比孩子更快。

小时候受父母严格管教的人内在总会有一个承诺：等我当了爸爸，等我当了妈妈，一定不会像我的爸妈那样对待孩子。但没有太多的人履行好自己所立的承诺，最后发现自己训斥孩子的语言和姿势跟过去爸妈训斥自己几乎一模一样，你copy了那个原本最讨厌的样子。你需要开启一路升级打怪的能力，不要用老套的上辈子教育模式对待你的孩子。**亲子关系问题有多大，父母就需要有多大的创新管教方式。**

孩子还没有成熟的时候，父母是孩子灵性的代言人，有责任让孩子成为一名优秀的公民。孩子有属于自己独特的天赋，父母强迫孩子跟随自己的那一套信念系统不是一种进步，要有一双发现天赋的眼睛，引导孩子具备发挥潜能的能力。开明的父母就是顺应了孩子的天性，使孩子拥有自己探索生命的权力，而不是强调自己的经验有多么的正确。

没有一个孩子在成长过程中不经常犯错，我们自己也是这样成长过来的。当孩子有了所谓的问题，父母多一点宽容就是一种创造性的接纳。看到孩子做错一件事，不要马上暴跳如雷，把所谓的问题拿在手中用显微镜细看，要尊重孩子的自尊心，善于从中找出闪光点，点亮孩子内在的火花，最后把问题转化成珍珠。

【问题背后隐藏天赋】

有一个很正直的女孩，常常在学校为被欺负的同学打抱不平。有一次她把两个男生给打趴在地，校长把女孩的父亲叫到学校，跟他说你这个女儿经常打人，所以学校只能决定让她退学。父亲没有生气责怪自己的女儿，反而转身跟校长表示感谢：谢谢你，是你让我知道我女儿还有这样的天赋。后来父亲把女儿送到嵩山少林寺边上的一所武术学校，没过几年这个孩子成为全国的武术冠军。具有创造性思维的父母对孩子的问题能够进行独特新颖的接纳，通过变通性和独特性来衡量孩子的行为，进而训练孩子大胆去展开人生的探索。

孩子的问题背后大都隐藏着天赋，在问题暴露的时候，直接对孩子斥责和打骂通常是父母认为的"有效方法"，而这位父亲提供了一种较为温和的、转化的方式来面对，女儿才有机会去释放自己的天性，不然最后她会给父母带来更大的挑战，即使刚开始她是被驯服的。有创造力的父母对孩子是幸运的，他们能理解孩子所谓的问题，没有好坏，没有对错，**既不是正向的，也不是负向的，而是一种更深的能量。**

"儿孙自有儿孙福"，做长辈的不要为孩子担忧或谋划过多，儿孙们的命运他们自己会去主宰。父母完全可以再胆大心细一点，相信孩子自己会去经历，去爱，去成功。在闽南有这样一个民间传说：相传，明朝泉州负责海上对外贸易的官员罗伦之父是个秀才，因家境贫寒以及科场失意，只得到外地当私塾先生。罗秀才的妻子是大家闺秀，平时不太习惯做家务。由于罗秀才很少回家，家里的事务由儿子帮其母亲共同打理。有一年临近春节，罗秀才回家过年，他觉得儿子罗伦已经7岁了，也到了入私塾读书的年龄了，就想考考他对对句了，看能不能好好培养，好求取功名光宗耀祖。罗秀才出一个"天"字让罗伦来对，罗伦平日总帮助母亲做家务很少学文化，一下子对不出来，他母亲在一旁干着急，便暗中用手指地，提示罗伦要以"地"对"天"，没想到母亲手指正对着地上的一坨鸡屎，罗伦赶快回答："天对鸡屎。"这一对把父母都给愣住了，罗秀才再次厉声问："'老爸'对什么？"他母亲生怕儿子再对错惹怒父亲，罗伦也赶紧侧过身向母亲求救，母亲暗中用手指指向自己，意思是"老母"对"老爸"，无奈罗伦不明其意，见母亲的手指正对奶房，便急忙说："老爸对奶。"罗秀才顿时心灰意冷，既恨自己与科举无缘，又怪儿子的"蠢笨"，见日后前途无望，一气之下，便抛妻弃子出家当和尚去了。

罗秀才的突然出走，给这个原来就十分贫穷的农村家庭带来很大的打击。起初，其妻子十分悲伤，成天以泪洗面，后来就坚强起来，毅然挑起家庭重担。她除日夜辛勤地纺纱织布外，还千方百计教导儿子，罗伦年纪虽小，却非常争气，每天上山放牛砍柴时，身边总带着书本，认真刻苦学习。25岁时，罗伦考中举人，为答谢母恩，便大摆宴席给母亲过生日。离家十八载的罗秀才正好经过来化缘，恰好罗举人从大厅里走出来，罗秀才便抓紧时机把他认真地端详了一番，感到越看越像自己的儿子。待罗举人入内后，他提出要求："有话想和罗太夫人当面说说。"看门的人认为这个人也太不识相了，不予理睬。无法，罗秀才最后只好提笔在墙壁上题了一首诗："离别家乡十八秋，千钱斗米我不收；儿孙自有儿孙福，莫为儿孙作马牛。"后来，罗伦和他的母亲获悉情况，赶紧来到大门口，看到这首题诗后，大吃一惊，原来这个化缘的人正是他们日夜思念的人。从此，"儿孙自有儿孙福"才成为一句俗语，并在泉州流传了下来。

在孩子的教育上受挫不要气馁，孩子都有自己成长的轨迹。所有的家庭教育最终都是"师父领进门，修行靠个人"，**解开孩子人生奥秘的钥匙永远在孩子自己的手上**。有创造力的父母可以适当放手来降低冲突的风险，在管教方式上也要有更大的创造性接纳，不然只有焦虑，焦虑，再焦虑，生气，生气，再生气，最后痛苦，痛苦，再痛苦。做父母的确是全世界最难做的工作之一，就像所有人都会遇到问题一样，即使是伟大的政治家和企业家，他们在亲子方面也同样面临挑战。好的家庭教育一定是建立在父母如何转化孩子在成长中的各种问题之上，这是为人父母在人生中最重要的功课，也是最考验父母是否有创造力的时刻。

第一篇　头脑心智

【自主性是生命的灵魂】

　　五味太郎，日本国宝级绘本大师，在中国同样有着极高人气，至今已出版了300多本创意独特的图画书。极富个性的他在家庭中，也践行着"创意式"教育方式。五味太郎有两个女儿，大女儿读到高一、二女儿初中读到一半时，两人就都退学了。他特别尊重孩子们的选择，"学校教育不是唯一，找到自己的定位才最重要"。正因为五味太郎拥有开明和远见的气质，两个女儿也呈现出许多卓越的表现，她们不仅找到自己喜欢的事情，而且小小年纪就很有创意。五味太郎提倡让孩子更自由地表达，认为这是一种可以在日后更具创造力涌现的方式。不是搞教育的他还写了一本书——《孩子没问题　大人有问题》，书中他对亲子教育独到犀利的见解，可以让每一位父母脑洞大开。在他看来所谓的"教养"，本来就是可有可无的事情。他认为早教不仅没有用，反而对孩子的想象力有害，孩子有权利思考"这是什么"，他们有不被说教的权利。

　　爱迪生上小学没几个月就被学校勒令退学，他还有听力障碍，像这样的孩子在一些家庭，就有可能会接受药物治疗。如果连爱迪生都被判定有问题，那么全世界的孩子是不是都有问题呢？如果爱迪生没有问题，那么就说明我们很容易误解天才。母亲南希给了爱迪生很大的影响，虽然她没有高深的文化，在当时也没有什么先进的教育理念做指导，她对爱迪生进行的教育就是：**用无条件的爱来接纳孩子的一切，孩子的心灵会获得支持力，这样的支持力将爱迪生内在的潜能激发出来**。爱迪生非常喜欢在课堂上向老师提出问题，比如鱼为什么不会被淹死？天空为什么是蓝色的？为什么鸡蛋会孵出小鸡等问题。有一次老师忍无可忍地对爱迪生吼叫："真烦，老老实实学你的算数！你是傻瓜吗？像你这样读书也是白读。"爱迪生只是一个好奇心很强的孩子，老师的这番话让爱迪生感到委屈。后来他妈妈拉着爱迪生的手到学校质对老师："我明白了，儿子由我自己来教育，不用麻烦老师了，再见。"在接下来的家庭教育当中，虽然爱迪生没有学到许多书本里的知识，但是他和妈妈一起探索了学校学不到的有关风、花、鱼等许许多多的知识，他们一起翻阅

创造力的艺术

百科全书，一起自由玩耍，一起为人类奉献了最伟大的科学作品。

马云曾在"10人看10年"的演讲中说，教育可以分为两个问题，"教"和"育"。我们国家的"教"是不差的，差的是"育"。**育**其实就是文化，**是想象力**。真正的创新力和创造力是玩出来的，可现在的孩子玩的时间太少，被学业和成绩压得喘不过气来，缺少人与人的沟通交流，很难真正产生创造力意识。作家周国平曾说：当孩子在编织美丽的梦想时，不要用你眼中的现实去纠正他。因为只有被尊重、被认可、被支持的孩子，才会激发内心的创造力、自驱力和毅力。没有必要对孩子过度限制，这不能玩、那不能干，这只会造成他们与现实和责任脱节。孩子在实践中学习、发现和创造，这本是很棒的体验，但却往往被不懂教育的父母和老师的大棒给打晕了！

【让孩子成为他自己】

如果孩子的自主性很差，他不会把自己的价值看得很高，他不喜欢跨出尝试的一步。父母的支持，能够有效增强孩子的自信心，遇到困难不会去预设失败的可怕结果，反而会给自己坚持的勇气。因为，孩子长大后必定要独自面对人生中所有的困难、挑战和冲突，不管是学习、工作还是婚姻，归根结底，都是自我的理解和判断。即使父母有足够的能力和智慧来支持，也无法为孩子做出全部的选择。根据心理学家的研究：**父母对孩子的人生操纵过多，最后会形成可怕的对立**，会陷入最不可调和的对立，甚至到最后是你死我活的"战争"。纵观古今中外，那些出人头地的成功者背后都有无意和故意放手的父母。因为，我们父母本身就有很大的局限性，父母把孩子的生命紧紧地握在手中，必然导致孩子在思维和意志等方面的全方位落后，并且必然会受到生活无情的打击。在这样一个充满挑战的世界中，"妈宝"式的教育观念更是不可取的。毫无疑问，自主性是生命的灵魂，更是决定一个人成败的根本元素，父母需要做的就是让孩子成为他自己。

我大儿子读小学的时候，他想买一辆自行车，我当时就给他一张信用卡，告诉他可以用它自由支配开支。从他11岁开始，我们就鼓励他自己挣钱，他也热衷于做些小生意，比如大年三十晚上去卖烟花、帮同学改装电动车、发展团队卖产品等，18 岁那一年他就靠自己所挣的钱买了一辆奔驰 AMG。这主要归结于以下因素：在父母宽松的且民主的家庭氛围下，孩子才能够充满活力，自由发挥其主动性；父母与孩子的冲突大大减少，孩子适应社会能力逐渐得到提升。

那做父母的是不是对孩子就是一味地放任自流呢？不是的，要是父母仅仅用爱就能培养出一个优秀的孩子，现在就没有那么多的孩子有心理问题，天底下哪个父母不爱自己的孩子？父母单单给予爱是没有创造力的，单单严厉也是没有创造力的，最佳的教育还是爱和规则并行。父母对孩子问题认识的一个重大不足，就是没有正确评估孩子的弱点和脆弱性，并采取相应的全面对策，所制定的教育方式是通过基于预估孩子对父母的愤怒程度，而不是以什么最符合孩子根本和长远利益来制定的，这就导致父母经常会屈服于孩子虚张声势的做法。父母的这种做法是对教育的根本误解，因为孩子最擅长于把愤怒程度提高到最高水平，然后看父母的反应如何，而不幸的是父母常常被孩子的策略牵着走，最终往往是通过满足孩子的不合理要求进行调整来安抚孩子的虚假愤怒，进而避免与孩子进行想象中的和夸大的直接对抗。但是父母没有意识到其对孩子权威表现的巨大影响力和现实优势，实际上孩子的内心是脆弱和软弱的，他们害怕来自父母严苛的对抗。

【孩子的起跑线——父母语言】

神经语言学的预设前提有一条：没有两个人是一样的。每个孩子的生命都是独特的，我们和他们的人生经验会完全不一样，态度和行为模式也完全不同，因此对一件事的看法难以一致。孩子与我们之间的不同，造就了这个世界的奇妙可贵。父母越尊重孩子的不同之处，彼此间才越会有更好的沟通并发展出良好关系，同时孩子能够有更强的内心力量。

父母平常所说的话是孩子生活的一部分体验和结论，是孩子构建世界观的基础。语言也是父母与孩子连接的桥梁，父母语言当中有健康、财富和生命的密码，也有创造力。儿童出生后，每秒钟能够产生 700 至 1000 条神经链接，父母的语言是刺激大脑发育的最好教育资源。父母的词汇品质会极大影响儿童在数学概念、读写能力、自我管理、执行力、批判性思维、情商、创造力和毅力等方面的表现。**众多研究表明，儿童早期的语言环境能够预测其日后的学习能力和性格特征。**我们建设一个传播父母语言的系统，有线下和线上两个部分，专门研究父母如何在语言方面促发孩子大脑神经的发育，让孩子的大脑地图拓展得更大，更具有创造力的思维，鼓励孩子在人生中更有天马行空的想法。父母的语言是孩子的生命树，父母通过有建设性和创造性的语言就能够很好地与孩子交流，使孩子朝着成功和幸福的方向自发地前进。我的第三本书就是关于父母语言的部分，因为让孩子真正输在起跑线的很大原因就在父母的语言当中。

有创造力的父母不仅在管教上能为情绪提供一个富有创造力的出口，而且能从孩子身上发掘出独特的天赋。几乎所有善于教育孩子的父母，都不太执着孩子本身存在的问题，他们既不要和孩子直接正面地对抗，也不试图让孩子的问题延续下去。他们对孩子出现的问题会积极沟通，在这个过程中会用不太强烈的语言先跟孩子建立亲和，这个过程看似像风轻轻地吹过，不去评价孩子行为的好坏。在管教孩子过程中对于没有创造力的父母绝对是一件挺不容易的事，一不小心不当的语言就很容易激化矛盾，劳心又费力。

说"孩子错"或者同样意思的话，大多都是随口而出，没有什么支持力，更缺少语言上的创造力。每个父母不能任由自己的话想怎么说就怎么说，在沟通中尽量减少冲突，跟孩子的立场、情绪和角度保持一致，在 NLP 里这个技术叫"先跟后带"。父母不需要跨出情绪化管教的一步，只要孩子的行为还没有很出格，就要把语言放在孩子的正向动机上，**把我们和孩子的情绪拉回来，语言和情绪不要太强烈指向孩子所谓的种种问题**，用有意义的对话来代替说教、指责、咆哮，甚至动手。《去情绪化管教》一书的作者丹尼尔·西格尔和佩妮·布赖森在她们的书中说：我们的终极目的不是让孩子因为家长的关注和命令而去做我们想让他们做的事，要知道这非常不靠谱，除非打算让孩子在余生中和父母一起居住、一起上班，我们想帮助他们学会无论面对何种情况都能独立做出积极而有益的选择。在她们看来父母富有创造力的管教会让孩子的大脑神经元创造新的连接，大脑回路的变化以积极的面貌，这从根本上改变了孩子与周围事物进行互动的方式。

好的亲子关系，不是靠直接的命令或强制性的要求，是通过**"正向暗示"**来引导和管教孩子的。父母强制性的语言会引发孩子内心更多的抗拒，跟孩子内心的关系连接来自父母语言更多的接纳、包容和创造力。有一天，我看到我的大儿子做了一件我认为他需要改正的事情，我不是说：你马上给我改正，你必须怎么怎么做……而是用创造性的语言跟他说：儿子，我知道你将来必定改变这个世界，一个要改变这个世界的人，他知道如何快速地去调整自己的行为……当我这么一说，他马上做了一个正向的调整。

当孩子的问题积累到一定程度的时候，父母就容易说类似这样的话：你永远没办法成功的，你一定会失败的，你一定会后悔的……这种必须性的语言其实对孩子是一个巨大的打击，无论孩子的行为有多糟糕，父母一定不要对孩子失去信心。比如NLP里面有这样的一个语言技巧，称之为**"预设"**：孩子，我相信你一定可以成功的，我相信未来你一定可以走在一条正向的道路上，我相信你永远可以把握好自己人生的方向……父母在语言上面的灵活性和创造性可以让孩子恢复信心，对孩子的生命具有强大的影响力量。跟孩子更好的关系连接，尽在父母在语言部分的想法和创意。随着父母学习热情和意识的增加，父母的语言会进一步地精进。为了让孩子不要真正输在起跑线上，欢迎广大的父母来我们的课堂，我们的目标是让每一个爸爸妈妈最终都能把话说得跟作诗一样，做到把话流进孩子的内心，和孩子的生命真正连接和共振。

你准备好沉醉了吗？

——陈育林

无数尚未被描述出来的事物
在某一个角落默默地等待
感官开着和关闭又有何区别
似乎所有恍惚都过去了
山谷、野花、海水、清风，飞鸟……
还有海洋里的精灵
还有孩童娇嫩的脸庞呢
你正眼看过他们吗
热烈地爱过他们吗

别像活在另一个世界里一样
万物都在
唯独你不在
万物会凋零、死亡
可是它们会重生
它们会重现美丽
可是你一旦凋零
再也回不来
再也回不来了
万物都在等着你的进入
你准备好沉醉了吗

（绘图：初光钰，7岁）

第一篇 头脑心智

十、爱和有趣永远是婚姻关系的前提

重要的关系就值得拥有更多的创造力，家庭是特别需要创造力的地方，推陈出新是婚姻关系的诀窍。当爱情变为亲情，不要让柴米油盐冲淡了婚姻关系。没人想要一成不变的生活，能够让关系更好地保鲜，莫过于有更多浪漫。生活处处有惊喜，赋予一种有创意的日子，把创造力融入婚姻的人，他们能够以最温情、最特殊的方式来表达爱意。你去看看那些一直沉浸在美好爱情的人，他们愿意花费心思去创造浪漫的时刻，一个在关系上有创造力的人，就是我们所说有浪漫情怀的人，他们对生活的感知力很强，即使一个看似不经意的东西都会让他浮想联翩。

亚洲人相对欧美人来说较少浪漫，因为我们通常持一种观念，实用才有用，花里胡哨的事物并没有太大用处，甚至把惊喜当成惊吓，把送花看成是一种浪费。这样的思维对婚姻关系带来的连接不够，婚姻日趋平淡时更需要带来创造力，因为创造力越多，精神享受就越多，精神享受越多关系就有了保障。能浪漫，说明夫妻感情还不错，想用心经营婚姻。夫妻之间情调很重要，不然就会被问题围得团团转，很难体验美好幸福的生活。

持续浪漫的婚姻生活并不是仅发生在电影故事里，而是可以在生活中随时开发和制造的。在真实的婚姻状况里，结婚多年后夫妻俩不再投入爱情，两个人慢慢就失去愉悦的体验，它不再像初识时的爱情那样甜蜜。结婚多年的朋友们在婚姻中还是缺少持续性的创造力，不再为浪漫的爱情贡献智慧，许多父母还是为了孩子选择过下去。

在婚姻关系中要继续保持浪漫思维，比如偶尔送一下礼物，每隔三五天一起去新的地方走一走，每个月找一家比较有格调的餐厅吃一顿晚餐，每年一次国外旅行等。浪漫的关系更加考验男士，需要他们对女人给予满满的爱，《圣经》中说女人是男人的一根肋骨，从延伸的意义来说，女人是男人身体的一部分，也是男人直立的支撑力量。**家庭里面丈夫要像爱自己的身体一样爱自己的妻子，而妻子要学会顺服自己的丈夫。**男人若不断制造浪漫，女人就不再为繁杂的生活感到艰难和枯燥，浪漫的活显然多由男士来干。女人有更需要被爱的内心需求，当她们感受到真正被爱的时候，会表现出对男人更大的尊重，而男人有需要被尊重的内心需要，爱意就会在关系中流转。但绝对不是女人什么都不做，在婚姻中每一个人都很珍惜和尊重这份关系，想方设法地滋养这份关系，并一同创造出独一无二的爱情艺术作品，不然最后会导致关系带不动。

创造力是巩固幸福婚姻的保证，缺乏想象力的关系，最后无法从关系当中获得爱和力量，相反会不停地相互消耗，相互折磨。婚姻本是最容易变成战场的地方，由于人不可能完全了解一个人，那么一个无时无刻和我们生活在一起的人，无法在婚姻上投入更多的热情和创造力，婚姻大概率会到"食之无味，弃之可惜"的境地，一种左手摸右手的平淡。"中年夫妻亲一口，噩梦做了好几宿"，这是黄宏小品里面说的台词，艺术来源于生活，这个不是笑话，这是现实，现在许多夫妻的情感都缺失激情、浪漫。

面对中国的婚姻近年来离婚率越来越高的问题，我们会强调彼此的理解和沟通的重要性，看看这个世界那些婚姻美满的夫妻们，他们对待婚姻就像对待刚开始恋爱一样，有一种初次见面初次相爱的感觉。

【浪漫的婚姻更保鲜】

爱和有趣永远是婚姻关系的前提，生活需要浪漫，不要太累。当深陷生活的泥沼，一点点的浪漫都可以让人忘却烦恼。浪漫就是在婚姻中让对方感觉到爱情很有创意，懂得用一些小礼物来补偿对方的付出部分。人们很容易被多样化且不寻常的东西所吸引，多组织新颖自由的家庭活动，比如常常来一个说走就走的家庭旅行，像一朵云彩一样有各种的形态，一段美好的关系需要学会经营。有人说，凭着浪漫就可以有恃无恐地爱，浪漫的另一个名字

第一篇 头脑心智

就是仪式感，仪式感的浪漫，就像是调节夫妻之间关系的一剂良药。创造性的关系就是多制造浪漫，多增添激动和新意。

两个人相处久了关系难免乏味，一点浪漫都不想制造，最后生活难逃"一地鸡毛"，用创造力抵消情感的消退，会让伴侣再次怦然心动。我们跟孩子、爱人和好朋友都是要有创造力的，相处时善于营造出惊喜感，新意的举动可以愉悦心情，心情好了，关系也就变顺了。亲密关系中永远存在缺乏安全感的问题，这是一个心理黑洞，如果伴侣一方给予对方足够创造性的浪漫，即使对彼此的生活有一些抱怨，也会将抱怨和痛苦稀释掉，这些举动能让对方联想到爱意的时刻。比如节日送束花，这个就是对创造力的理解，**当激情退去的时候随之而来的恰恰是创造力出场的时刻。**

《最浪漫的事》是一首精致、温柔的情歌。"背靠背坐在地毯上，听听音乐聊聊愿望，你希望我越来越温柔，我希望你放在我心上。你说想送我一个浪漫的梦想，谢谢我带你找到天堂，哪怕用一辈子才能完成，只要我讲你就记住不忘。"浪漫并非是一件很困难的事，你可以畅通无阻地创造属于自己的浪漫，世间有很多美的事物它就近在我们眼前，弥漫在我们周围，是我们束缚了浪漫，只要用心体会，随时都可以得到浪漫的情趣。

有一天晚上，我和我的爱人约好一起散步，她先下楼去跳广场舞。等我下去准备叫她的时候，发现我的爱人在人群的正中间，如果我贸然地走进人群当众叫她会有一些冒失，让人去叫她也太单一了。于是我回头到我车里拿了一张小纸条，用笔在上面写了一句话。然后我在广场舞的队伍里找了一个人，麻烦她把纸条送给我的爱人，我的爱人有点错愕地接过纸条并打开，回头向我笑着走了出来。我在纸条上面写了一句话：美女，能跟你一起散个步吗？

浪漫的举动能使人们用平和的态度来处理彼此之间的不快，不至于用极端的方式来对待矛盾，关系的最终落脚点就是终身浪漫，陪伴成长。为了避免"散伙是关系上的常态，我们又不是什么例外"的怪圈，要珍惜所有的相遇和相爱，不要在时间的流逝面前妥协，不要总期待对方的主动，用更多有温度的浪漫减少关系的变淡。美好的关系是一种高感知的行为，也是一种需

079

要用浪漫来深化情感的地方，绝大多数在关系中没有幸福感的人，是因为没有意识到，浪漫是可以让我们生活更美好的重要方式，相当于帮你打开一条通往家庭幸福的大路。

第一篇　头脑心智

十一、爱科幻的孩子想不优秀都难

科学巨匠爱因斯坦说：好奇心是科学工作者产生无穷的毅力和耐心的源泉。我们来聊一个人，他就是世界上首屈一指的大导演——詹姆斯·卡梅隆，他在1954年8月16日出生于加拿大安大略省，后来移居美国。1997年，他执导的电影《泰坦尼克号》取得了18.4亿美元的票房，打破全球影史票房纪录，该片在第70届奥斯卡金像奖上获得了包括最佳影片在内的11个奖项，詹姆斯·卡梅隆亦凭借该片获得了奥斯卡奖最佳导演奖。2009年12月，他执导的科幻电影《阿凡达》上映，该片全球总票房超过27亿美元，再次打破了由他自己保持的全球影史票房纪录。

【卡梅隆——科幻的童年】

卡梅隆从小爱看科幻小说，高中时连坐校车上下学时，都在读着科幻小说，这些书将他的思想带到另一个世界，满足了他无止境的好奇心。每当他在学校或户外，总是在树丛中寻找一些"标本"——蛇、昆虫……他会把它们放在显微镜下观察，总是试图认知这个世界，想找到这个世界可能的边界。

20世纪60年代末期，人类登上了月球，去了深海。卡梅隆看到人类不曾想象的梦想一个个被实现，这种氛围中，他不知不觉地喜欢上了科幻小说。每当他看完小说，故事中的影像就会在脑海中不断放映，或许是因为灵感必须找到一个发泄出口，他开始画外星人、机器人、飞船……甚至会在数学课本的背面画画。

对科幻小说的不断接触让卡梅隆想：海洋还有97%未被人类探索过，外星人不一定生存在外太空，他们很有可能就生活在我们星球上。15岁那年，

创造力的艺术

卡梅隆决定成为一名潜水员，他在美国纽约州布法罗找到了一个潜水培训班并获得了潜水证书。在这之后的40年里，卡梅隆大约有3万个小时在海底，深沉的大海丰富多彩，从而打开了他的想象力和思维，这样的丰富经验在书本上是学不到的。卡梅隆在潜水的过程中彻底被深海所震撼，他说他可以想象出一种全新的生物，所以我们才能看到他的电影世界里的奇妙构造。

卡梅隆至今对大海还是无比的迷恋，**他自己总结从大海中学习到好奇心和想象力，这是拥有创造力最重要的东西。**好奇心与我们的思维和感觉有关，现在很多人似乎对自己的周围环境没有了感觉，要么不断地奔忙，要么连欣赏的欲望都提不起来。但万物都有奇妙构造，几乎每个生物或自然现象都能进行一种无尽的思索，用自己积累的好奇心去寻找某种创造力。创造力用金钱是不能买来的，但在对新奇性信息和事物有好奇心的人那里，他们不想去注意似乎已经存在的证据，而是放下经验去注意事物的神奇。调查表明：**那些拥有更多好奇心的人相比拥有较少好奇心的人更加幸福和有创造力。**

世界自由潜水冠军Tanya Streeter曾在她的家乡加勒比，花了两个星期的时间和座头鲸一起潜水。Tanya充分使用她的自由潜水技能，分享来自他们领域的一部分特权。一路上，她近距离与海龟、魟鱼、海豚、礁鲨和柠檬鲨进行了一次激动人心的夜间潜水。比起我们的想象力，自然的想象力完全没有边界。好奇心是个体学习的内在动机，是个体寻求知识的动力，是创造力人才的重要品质。

好奇心会令在事业上停滞的人们感到鼓舞，这意味着你不必需要他人的鼓励，比没有好奇心的人更容易回归好的状态。好奇心既适用于生活，也适用于工作。**好奇心可以提神，**为了满足好奇心，人的行为会被积极情绪所驱动，会根据反馈不断调整自己的认知和行为，通过主动学习和探索来增加新的资源。我们可以把好奇心看成一种回报，像孩子一样纯粹的回报，人要想充分利用好奇心，就要像孩子一样"重新开始"看周围的一切。

在春秋战国时期，我国有一个木匠叫鲁班，有一天他到山上干活，手指被野草割出了一道口子，他很好奇为什么草会把人割伤，发现叶片呈锯状。鲁班受此启发，设计出有锯状的工具锯子，用它来锯木头更加高效率了。这

第一篇 头脑心智

就是好奇心，对大脑里旧有的经验、形象和概念进行加工改造和创新，以致他对原来的困境有更多新的认识，甚至超出了我们原本拥有的知识，一个有好奇心的人，会把观察和探索的意识融入日子中。有栋大楼要改造电梯，可是怎么改都空间受限，有人提议：如果把那个电梯放在大楼外面，能欣赏风景，大小还能由自己来设置，不是很好吗？后来就有了室外的电梯。

3M 公司是一家美国百年企业，创立于 1902 年，全称是明尼苏达矿业及机器制造业公司 (Minnesota Mining and Machinery Manufactuing Company)，在美国明尼苏达州成立。大多数的人以为它只发明了创可贴，其实它还发明了 N95 口罩，我们以为它是一家靠口罩赚钱的企业，但汽车隔热防爆膜才是它领先世界的技术。3M 发明双面胶、研磨砂纸、交通反光标识、录音磁带……至今它已经发明生产的优质产品多达 5 万种，素以产品种类繁多、锐意创新而著称于世，世界上 50% 的人每天直接或间接使用 3M 公司的产品，有人称其"除了上帝，3M 都造"。3M 的大楼写着他们的文化"一切从好奇开始"，3M 的发明不是单单由设计师来完成，员工会组成创新小组，有 15% 的时间用来想自己在生活中最感兴趣的东西，这种看似无所事事的行为可能会突然产生一个新发明。3M 允许员工犯错，一个个看似不务正业的员工，你永远不知道他会给世界带来怎样激动人心的发明。

【想象力嫩芽——儿童的插画】

叶圣陶说过：儿童的世界是充满想象的，而非缩小的成人。我挑选一些孩子的画作作为这本书的插画，虽然这些都是水平不高的画作，画风线条简单，色彩也不那么绚丽，可是再平淡的风景也包裹不住孩子想象力的光芒。如果细品这些画，会发现它们不像灯那样一下子就通亮，却像天空中的星星，远看是小小的发光，近一点看却是一颗小宇宙。很有幸领略来自孩子的意识空间，因为这些画不但增加这本书的美感，而且让我们有机会进入到幼儿的想象力世界，成人应当珍视他们简单、幼稚的想象嫩芽。孩子的幻想世界里更偏向无限想象，成人与世界的连接太过于紧密，造成离想象的世界越来越远，在孩子的想象力中现实世界必然与幻想世界产生碰撞，结果便发出创造力的火花。同时我们留意这些画，其实就有催眠的境界，最终就是要去这些地方，从现实到梦想，从有限到无限，从单一到多样。

在这里我们也要特别感谢漳州D·E美术培训机构的两位卓越的创办人雅玲和青霞，是她们的支持才让我们有机会领略到如此美丽和充满想象力的孩子画作。

没有想象力的人生，是没有希望的人生。成人与孩子的生命断层，最大的鸿沟就是经验的固着与无拘的想象力，跨越这道鸿沟的桥梁，是与时俱进的证明，是通向无限可能性的未来的一座灯塔。有越来越多的人学习孩子的样式，成人的意识主要是在"经验"，随着世界变化越来越快，经验的短板显而易见，会出现"不知所措"的特征。一旦外在环境进入到全新的阶段，经验的日趋过时让收益开始递减。一张又一张的孩童画作来到书中，不为别的，只为触碰那份珍贵的想象力，阅读的时候，思考的瞬间，让我们一起来看一看，这一张张纯粹、充满创造力力量的故事……

关注教育动向的父母都应该知道，科幻小说或画册都是孩子大脑探索未来最好的方式。科学思维决定孩子的想象力，**想象力的培养不是简单的读书写字，而是对于一切事物开放式的思考**，并通过有创造力的形式表现出来，对人在生活方式、思考方式和处理方式等方面产生很大的影响。热爱科幻作品的孩子，不但学习到各种科学原理和知识，而且使得科学精神在内在得到进一步扩展，科学精神能对人性中存在的美好意识进行自主的汇总和升华。殿堂级的世界著名科幻作家、科普作家艾萨克·阿西莫夫认为：**孩子应该在9～10岁这个阶段接触科幻作品**。不少科技行业大佬从小就对科幻作品非常痴迷，例如英国维珍帝国的创始人理查德·布兰森，号称全球最会玩的亿万富豪。布兰森向来以冒险和娱乐精神著称，热气球是他最喜爱的旅游方式，目前他正开发在外太空旅游的客机，这和他童年就开始阅读科幻作品有关，儿童时代接受的科学熏陶足以影响人的一生。

那些"天之骄子"们不像我们所思考和想象的一样，他们对待人生就像对待艺术，有一种自信感。拥有创造力，就要以积极主动的心去追寻，懂得捍卫自己人生的主权。用"艺术性的意识"表达真情实感，虽也会经历和感

第一篇 头脑心智

受同样的喜怒哀乐，可是对人生有解读的空间和多样的价值。创造力是一种幸福的能力，更是热爱生活的态度。学习创造力意味着有机会欣赏自己许多的"大作"，可以领略精美绝伦的风景，体会到毕加索的话：艺术确实能清除灵魂上的灰尘。

像武士一样出剑

——陈育林

不想世间万事是场决斗
但如果是
一念怜悯之外
就别有他物
竭尽全部的力
然后听天由命
任何的不明快决断
只会使生活之剑刺入心
一退再退也是可耻的
给对手有力的教导
仿佛一切坚不可摧

无论是风,或者是火
它们都会记述你的故事
失去勇敢,有哪块石碑为你坚立
找到一片安身之所之前
以已死之心奔赴
漫不经心中猛然睁眼
像武士一样出剑

(绘图:郭杨子骞,8岁)

第二篇　身体心智

　　人类身体是大自然创造的智慧体，是地球上最精密的生物。身体机体经过几百万年的进化，它精密、复杂、智慧而又充满秘密。**身体心智指的是我们储存在身体当中的能力和智慧，身体心智成长的过程是神经元不断学习和构建的过程**，首先是面对自然环境懂得如何生存，比如发明并创造出许多让人叹为观止的工具等。伴随整个人类持续地对外界与自身及其关系的认识，身体心智整体是在进化的，其存储记忆能力、连接整合能力不断增强，意识水平得到提高。因为神经元在不断地整合产生的经验。每个细胞在形成时，都吸收了人类自我学习和成长的智慧。过程就如计算机及其网络系统的发展，随着存储能力、计算能力和连接能力的提高，积累的经验、处理信息的能力越来越强。揭开身体的智慧，就等于解开生命的奥秘。

　　人体具有不可思议的能量，直接连接生命本源，身体若是更全面、更深入地打开，它就是一座不折不扣的宝藏。对身体要足够的诚实，**运用身体智慧的方法需要我们深入地感受它**。人类喜欢开发大脑，然而，身体比知识填充的大脑更可靠、更强大、更高端。我们说潜意识的资源只被开发不到万分之一，身体积攒了人类进化到现在无穷的意识和机能，**当人的灵感来临的时候，更多基于对身体储存的经验和智慧之上**，**而不单单基于大脑的记忆**。

　　人习惯应用所得到的经验，这些经验已经足够来指导当前的生活，可积攒的经验往往只是得到计划内的资源，而我们所拥有的最重要的资源，大部分来自身体里。头脑里知识的几十年的累积，跟身体几百万年所累积的资源来对比，就显得非常渺小。大脑对快速发生的危险的预知能力比身体慢，很容易在判断中失去"准星"。身体的智慧来自潜意识层面提前准备的能力，例如：开车时经常要求在瞬间，甚至是几分之一秒的时间内做出预判和动作，大脑心智是根本来不及参与的。我们知道学会骑车**"肌肉永远不会忘"**的例子，这种随时捡回来的技能实际上源自身体的心智，身体能够无意识地自动完成和运用已有的资源，具备一直拥有协调执行这些动作的能力。这些都说明身体心智有一套比大脑心智更先进的"智能"系统。

大多数老师可能会认为玩得好滑板的不如数学学得好的，文化生比体育生更有前途，这表明身体心智是被忽视的，人们习惯于邀请头脑来处理问题，把智慧的身体放置在未被重视的角落。人觉得头脑清醒是安全的，逻辑才是正确的方向，符合社会的整体认知，符合大多数人类的看法才是稳妥。大脑很容易上瘾的，精于计算，我们都非常热衷精算自己的钱财，一旦被它勾引就很难放手。而对身体心智的不了解，相当于不接纳自己的身体，在人生中是很难有快乐感和归宿感的。

许多长期性的习惯反映出大脑部分结构以某些特定的方式连接在一起，以限制的方式重复，大脑很难为新的想法和行为腾出空间。身体心智会主动进行内部资源结构调整，重新活化身体的神经系统。人类有自己的身体，自然有自己的智慧。我们此生的一个重要目标就是：活化和运用"身体的智慧"。身体里有知识，身体里有科学，身体里有智慧，深化和拓宽身体的整合和加强，可以学会更好地表达。这样一来，面临难题的时候，**身体的智慧就会从深层结构浮现到表层的动作，透过与身体的连接来寻求答案。身体的心智被唤醒，新的生活随之展开。**

第二篇　身体心智

一、跟你的 Boss 聊一聊

在人类初期，身体是实现生存和发展的重要手段，身体心智在进化中占据着核心位置，有其内在的运作规律。身体不仅是人类存在的物质基础，更是知识和能力的源泉，身体心智为人类认识身体提供了良好契机，它不是一个被食物填塞的容器，它是有思考力、有情感和灵魂的生命体。身体虽然不说话，却比认真思考的大脑有更开阔和敏锐的"视野"，身体的智慧并不是很难被运用，而是我们忽视对身体的觉知和感受，对身体的家没有归宿感。身体健康是生命最重要的事，**身体很聪明，它比头脑更懂得如何保护我们。**

【退化肌肉等于退化智慧】

像庞大的恐龙在进化中会被消灭一样，即使是高级的智慧生命，也会在过程中遭遇到起伏颠簸的挑战，身体也有它无法绕过的创伤。**当身体开始退化时，退化的不是肌肉，退化的是智慧和灵感。** 例如医学研究发现：随着疾病的发展，患者的认知能力也会下降，无法更好学习新事物，导致出现视觉和肌肉的障碍。

歌德说：身体对创造力有极大的影响。过去有过一个时期，在德国，人们常把天才想象为一个矮小瘦弱的驼子。但是我宁愿看到一个身体健壮的天才。

人在有压力的状况下，不单会引发不良的身体反应，同样也会伤及精神健康。当身体处在运动的状态，会释放一种内啡肽，内啡肽是一种神经递质，可以改善情绪，让你变得更为愉悦。创造力能否出现与身心状态有密切的关系，**只有在身心舒适之时，才不会抑制灵感的光临。** 那种愁眉不展、萎靡不振的状态会把灵感赶跑，要经常保持一种良好稳定且积极向上的身心状态，保持一种正向的身体姿势。

NLP 叫身心语言程序学，身心是 NLP 重点研究的内容。1884 年美国的第一任心理协会会长威廉·詹姆斯提出一个在他的心理学体系当中占有重要地位的情绪理论——**生理的反应会引发"内导的冲动"**。这个"内导的冲动"其实就是今天心理学里叫的内感觉，相对于眼睛看到、耳朵听到这类身体的外在感觉，内感觉指的是内脏有机体的感觉，内导的冲动造成内在有机体的变化，传导到大脑皮层所引发的感觉，这种感觉就是情绪。他认为当人有情绪时，一定伴随着生理的呈现和变化，身体反应排在前面，情绪反应排在后面，我们原以为情绪很快，其实身体比情绪还要快。1885 年丹麦的生理学家卡尔·朗格，也提出了一个很相似的理论，他认为任何生理的变化一定会影响到思维的变化，也就是身体的动作或姿势，甚至身体的某一个痛觉，都影响到人的思想，继而影响到人的情绪。这两个理论由于相似，被人们称为**"詹姆斯－卡尔·朗格身心论"**。

身心同属一个系统，它们是不可分割的。只要身体一动，心理也跟着动，心理的变动也会影响到身体，两者无法分割开来。"EMBA 法则"：Emotion 代表情绪，Mind 代表思想，Body 代表身体，Attitude 代表态度。人的思想、身体和情绪会决定人的态度，而态度决定生命的一切。大脑想着快乐的事情，身体也有同样的内部反应；当思想里面有卡住的点，同样会体现在身体上。比如心理焦虑，常见的身体症状是提心吊胆，眉角会变得更紧，脸开始耷拉下来等系列生理反应。今天你收获一件特别美好的事情，走起路来是不是有点带风，轻盈自信，喜上眉梢，思想全然在身体上表露出来。

身体会不断呈现出各式各样的模型，不同的身体模型代表着思想对这个世界不同的理解，长久的思想卡点会造成身体的卡点，身体的僵硬很大程度上会影响头脑思维的灵动，身体愈加的灵动，对这个世界也就愈加没有那么多的纠结。人要意识到这点，**身体僵化了，这个世界也僵化了**。我们对世界的经验不单来自大脑的认知，还有来自身体的过滤器。身体的心智是以感受、情绪以及觉知来跟这个世界互动的，具有原型性，所谓的原型性就是没有通

第二篇 身体心智

过刻意的加工。在某种程度上，身体一直在和思想跳交谊舞，只是有时候是优美和谐的舞步，有时候是相互踩脚的蹩脚步。身体和思想通过"语言"相互传递信息，身体要学会理解头脑的语言，头脑更要好好倾听身体的声音。**没有一个协调的身心模式，我们跟这个世界的关系就会不和睦。**

多注重运动和保持身姿挺拔，除了从中发现乐趣与成就感，也是刻意激活内在的创意意识流。平时我特别爱运动，要是不出差，每天下午 5:30 左右就会从工作室出来到附近的公园跑步，每周有三到四天去健身房，还时常去冲浪、骑行或露营等。当拥有一个健康、活力的身体时，活力感就会激发思维有更多正向的思考，身体的活力度就像热情的主人，喜欢邀请正向的意识来家里做客，比如灵感、幽默、喜悦和幸福等。不然就会把注意力放在卡点中，聚焦身体这个不适，那个不爽，真出问题了，先得调动力量来自我疗愈。身体健康也是我们创造力首要的基础，身体是我们在这个星球行走的工具，这个工具价值连城，因为所有的配件都独一无二。

【爱能遮掩一切的错误】

没有谁的原生家庭一如自己的预期，顺风顺水，无伤无痛，即使是最有智慧的父母也没能做到这一点。很多人似乎对自己的家庭不是很满意，**那些对原生家庭不是很满意的人，早期都是因为自己不成熟的心智导致，**一旦他们成长起来就能理解没有一个原生家庭是完美的。无论是怎样的原生家庭，或者生长在哪个环境，伤痛依然会流进我们的内心，跟家境好与不好没有直接的关系。在身心还不是很成熟时，思想和情绪会衍生出许多错误的认知，如何在最痛苦的阶段疗愈内在所受的伤是生命永恒的主题，确保我们能很好挺过来的，正是爱。生活已经足够难了，我们都要对自己的身体更为呵护和爱，这种对身体的爱要贯穿于整个人生。不能再只把身体作为一个没有智慧的机体，我们要加深对身体心智的理解和运用，力图跟它建立更为亲密的关系。

单单依靠语言心智的话，就会变成经验主义，即使这些信念在过去的很长一段时间帮助了我们。比如信念里有"防人之心不可无"，假如到了一个亲和、良善的地方，他们很喜欢跟陌生人打招呼，甚至和你攀谈起来，刚开始你会很不习惯，大脑会一直嗡嗡提醒：对方是不是有何不良的企图，表情会变得不够自然。一边是头脑的经验，另一边是身体的心智，身心不合拍就开始打架。听从头脑心智，似乎给予我们安全，降低了风险，但大大失去身体的宁静，变成"树欲静而风不止"。身体不能保持有效的休息，大脑喋喋不休的对话就像汽车一直在怠速运转，永远不熄火。若是身体也感受不到，硬靠着头脑心智去冥思苦想，靠意识去强撑着，人生最后还会留下什么呢？尤其现在生活的压力，许多快乐越来越不容易获得，常常处于散乱混沌状态。走身体的神经路径，最大价值就可以让头脑心智停顿一下，来体验更清晰、更深刻的快乐，即使痛也可以，只要有感觉能够在身体里扩展，不要像一个机器人，或者一个没有灵魂的稻草人。

【到潜意识的海洋里游泳】

假如跟你讲：我有一个梦想，想去火星上面居住。你会不会认为我是疯了？单单靠头脑心智就会认为这有点疯狂，但对于一个有创造力的人来说，他不会为此感到不可理解。埃隆·马斯克在2015年就提出来要移居火星了，这个问题就不会太困扰他。我们也要有能力放下大脑的各种执着，到身体心智的海洋里游泳一下，因为有很多种东西都在那里，那边只有玩的世界，那边只有空的世界。身体的心智更不像头脑的心智那样执着某个单一的形式，它有无限的可能性。大脑有存储经验和计算的能力，逻辑和意志也会推动事物的发展。头脑看似更加客观和清晰，甚至会让人觉得很真实，但推动事物真正发生变化的，往往是来自感性的力量。身体蕴藏着人类进化中有意无意感知到的信息，自动地排列组合分类，碰到的难题在它那里都有清晰且无尽的解决方法，关键是如何等待和理解它的回答。我们就是要时不时地到潜意识的海洋游泳一下。杜绝机械化的想法，懂得释放固有的执着。为了获得异于常有的经验模型，需扩展人类意识达到更大的范围，**把大脑心智放置到更大的身体心智中**，相互作用，相互影响，这就是通往创造力海洋的路径，everything is possible（一切都有可能性）。

第二篇 身体心智

【头脑心智僵化会固执己见】

头脑和身体的融合是神经元的连接，在信息层面的生生不息交互进化。这个过程就会对人类意识的模式做出改变，头脑本来一直在寻找问题的来源。习惯抓住这个不放，抓住那个不放，误以为所谓的"地图"就是等于真实的"疆域"。"地图"大部分来自我们从小形成的信念价值观，这也解释了很多问题的来源，造成我们持续受困和受苦的原因，有些人常常自我设限和自我否定，把固执当作坚持。不是头脑有多的"顽固不化"，头脑的形成都是有一定的时间过程，有时必须迅速地对周围下结论，以便更好地在社会中生存下去。在社会交往的过程中，灵活弹性是很重要的，可有些人"地图"很僵化，固执己见，也听不进他人的建议，除了思想偏保守，还特别排斥新事物。

可是在创造力里面我们要释放它，如果你坚信某个东西都是真的，那么你得学会释放掉这个执着。艾瑞克森老师非常喜欢听到学生说：I don't know.（我不知道。）因为在他看来这是个门槛，当学生说我不知道的时候，就是大脑不再把经验奉为圭臬，后面我们会再说到这一点。激发创造力的不只是打破大脑里的经验，还要学习新的身体动作模式，改进原有的动作模式，学会扭转我们生命既有的路线。

创造力在意识跟潜意识之间来来回回，就是在大脑跟身体之间来回地移动。创造力不只是在大脑里，创造力也不只是在身体里，而是经验与无限的碰撞。通过不断地交流和交换信息，能够迸发出对事物的最新理解，了解不同的意识流对事物和生活的新鲜态度。它们的碰撞也为固有的理解产出了诸多观点，弱化了经验效应，强化创造力具有与时俱进的一面，而与生命不断变幻的调性更加吻合，让一个人在现实中更具备可持续的成长力。就像在一个团队里面，原本固有的系统有了新的伙伴加入进来，从某种程度上来讲，更多的是满足团队生命力发展的需要，这与团队整体的发展不谋而合，更多的是追求一种不同思想的碰撞。不同的思想交流不是单纯地为了丰富和热闹，柏拉图说：思维是灵魂的自我对话。说的就是身体不是死的默念，而是一种生动的交流。当身体里缺乏和大脑的交替，到头来就成为思维的懒汉。身体是一个生存与发展的智慧，对一个人而言，通过身体的日常活动可以获得生产力，身体的内在组织具有很坚韧的生命力。人类多半是看到身体脆弱的一面，但从神经系统的发展角度来看，人类的身体表现出智能性，各个器官之间紧密合作，达到完美协调平衡状态。所以，尼采也说："你身体里的智慧远比你最深刻的哲学里的多得多。"

【艰难的日子里，笑就赢了】

强者控制大脑，智者控制身体。大脑会陷入一种经验主义，身体其实更容易进入一种惯性的模式。从身体智能化的角度来看，创造力不应该仅仅是改进原来的身体模式，而应该把重点放在探索和身体深层的连接上。乔丹、阿加西等一些优秀的运动员均学习过NLP，知道如何达到身心和谐的状态。身心最神奇的地方就是：只要你拥有达到自我最佳状态的能力，当我们的身心和谐，我们与他人和世界也趋于和谐。尤其在处境艰难的日子里，我们还要能笑得出来，如果能这样我们就赢了。

由于习惯把更大的精力用于调动更多大脑智力的参与，头脑发起的信息加工过程中，核心的董事会成员没有共享信息，头脑和身体的合作空间变得狭小，形成大脑心智的"一言堂"，结果是身体被放在一边当观察员，被遗忘。该跟你的老板聊一聊了（talk to your boss），身体的心智就是这个老板。

及时了解身体心智的秘密，是成长的开始，也可以这么说，学习的尽头就是我们的身体。让你的身体真正属于你，成长不单是在头脑里的学习，真正的成长是从身体的学习开始，**最先热爱自己的身体，最先热爱人生**。头脑敏锐捕捉现实发生的事情，身体同步经历感觉和资源，"双剑合璧"成长，我们的理念也是从身体和头脑一起成长的。以"躯体—情感意志"为中心的学习，通过身体心智的指引更好地连接创造力。所以，我们要做的工作永远是跟自己的工作，从自己的身体开始，不是通过学习要去改变他人。当然，我们跟自己有一个很好的关系，如果愿意的话，你也可以去帮助别人，只是这份工作永远是先流经自己，再流经他人。

让海浪穿躯而过
——致敬约翰·缪尔

——陈育林

阳光在召唤
必须回到大海
那被染指的身躯
一刻就变得欢呼雀跃
没有一个人工的乐园
可以媲美上帝的殿堂
只要有块面包
就可以永远留在这里
只要我还活着
就要与大海交谈
她会问你：你从哪里来
又要去到哪里
她聆听你所谓的失望
以及想展示的希望
我在大海里迸发深沉的爱
还有生命的不急不缓
让阳光照进你的心里
而非仅仅是身上
让海浪穿躯而过
而非从眼前而过

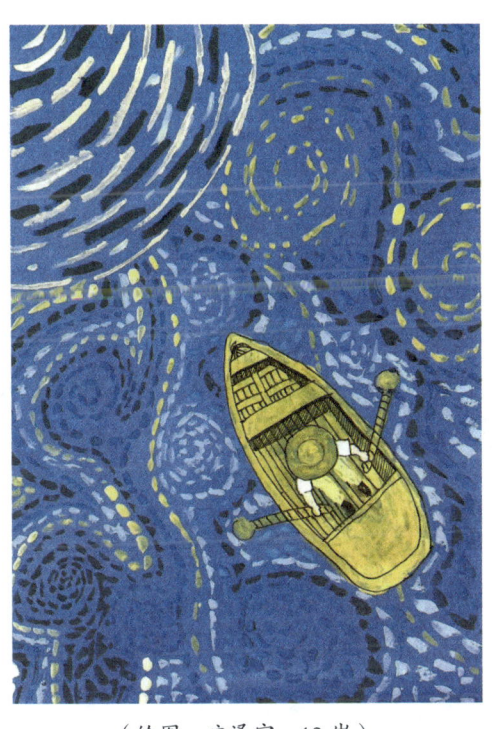

（绘图：庄泽宇，12岁）

二、要去爱不要去斗

远古时代，祖先们生活在原始森林里，他们彼此关照对方，以捕猎和采摘为生，常常会面临猛兽的威胁。家人就是他们的全部，祖先们没有什么可利用的先进工具，更多的时候还是要依靠赤手空拳来做出反应。紧急状况来临的时刻，比如有野兽从草丛中跳出来要叼走婴孩，父母为了保护自己的孩子往往不顾一切。经历危险时刻或情绪失控的人应该会知道，人这个时候会变得更有战斗力，身体技能似乎只要一个本领——战斗保命，同时大脑心智几乎丧失，原因是失去血液的大脑变得没有思考力，血液情不自禁地流到所有的肌肉组织，尤其是拳头和腿部，这样可以更快地逃跑，也有更大的爆发力和攻击力。

【求存系统】

大脑是身体很重要的一个器官，主要是靠身体的血液循环来供给，由于大脑消耗的氧气占全身的五分之一，大脑里的血液一旦流到身体各部位，人脑就会出现短暂缺氧，变得没有逻辑思维。但不必为失去血液之后的鲁莽感到悲哀，人的身体是地球上最智能的生物体，我们要感激它在危险时刻所作出的快速转换。这种机制能够在受到刺激时，马上作出反映，以便适应这个刺激变化的环境。它是通过神经系统不断地累积而形成，我们把它叫做"求存系统"。

"求存系统"也叫求生存机制，**人在面对有切身利害关系的严重生活事件时会引起的一种人的情绪状态，**它主要负责生命受到威胁时启动自我保护，要么战斗要么逃跑。身体的应激状态是深层的通常无意识的内在模式，构成

第二篇 身体心智

了生命核心模式的一部分，在日常生活中会以很多形式表现出来，**其表现是情绪紧张度的增高**，生理内部状态的特征是：精神紧张、呼吸短促、血压上升、耗氧量增加和肌肉紧缩等。外在行为会出现歇斯底里的情绪失控，神经系统突然像涌进了大量电流一样，如战士一样攻击性十足。

"求存系统"好不好呢？假如我们祖先的身体没有能力启动"求存系统"功能，肌肉和情绪的力量不够，他们可能就没有能力保护自己和家人，人类就没有能力繁衍生息。它是神经系统长时间、更广泛的经验结晶，是人类进化的集体智慧。所有人都具备把血液交给身体的冲动能力，大脑脱离了控制和监管，身体篡位做起了大脑的指挥，失去大脑逻辑思维的身体会像打了鸡血。作为人类最有爆发力和攻击力的神经指引，最高等级的"求存系统"不到关键时刻就不要启用。

工作的辛苦、赚钱的不易、关系的不顺、身体的病痛等都在造成人的心理压力过大，身体和心理受到重重的考验。神经肌肉很容易接近求存的状态，会影响我们对世界的感受，神经肌肉固定了信念系统的"地图"，也确定了世界的实相。要是身体绷紧，脸部也绷紧，用力让身体不断地绷紧，你会感觉到有一股愤怒好像要喷涌出来，用这样的身体心智过滤这个世界，显然这个世界是紧张、对抗、残酷，当身体过滤器陷入紧锁中，人生的前行就变得有点艰难，我们成不了艺术家，也感受不到快乐的存在。

斯蒂芬·吉利根在课堂里面讲到他跟他爱犬的故事。吉利根老师养了一只金毛犬，动物的时间大部分都是放在正向身心状态，于是他把这只金毛犬称之为"幸运老师"。催眠大师视金毛犬为老师，是不是很有趣？他觉得人类整天都在担心这个担心那个，那个会不会发生，那个不发生会怎么办……很长的时间都在接近"求存系统"的反应式症状，这样的状态是一个负向的催眠。处于应激状态的机体会出现一系列免疫失调的表现，神经内分泌系统也要参与应激，导致免疫功能低下等。**偶尔的应激状态对身体是没有影响的，但如果长期处于过度应激状态，人的精神状态反而会下降，身心很容易崩溃。**

创造力的艺术

【人生不是一场竞赛】

人生本来就不是一场竞赛，不是非得要争个输赢。人生基本的能力就是与自己相爱和亲近，寻求身心一致的可能性；在追求目标的路上，如果和他人达成更好的合作，双方都能赢。"生存系统"无异于放弃一些东西，人在紧张的状态中想得到创造力，这绝对不是一个很好的办法。因此避免持续让身体承受威胁性的事件，当一个求生存的策略被过度地使用时，就反过来产生限制和危害。就像战争一样，一旦开打，双方不管是打赢还是打输，都会有伤亡和损失。所以，你不应经常因为一些不大的事情启动"求存系统"，给自己的身心造成伤害，不仅是身体上的，还有精神上的，甚至导致抑郁试图自杀。只要有可能，人生尽量制造爱，不要选择作战，除非你真的非使用"求存系统"不可。

孩童不开心会表达情绪，刚开始敢于呈现，哭着闹着，后各种训斥接踵而来，不许哭、不许闹、不要吵、你真烦……于是孩子慢慢收起自己的情绪，慢慢收缩自己的身体，不敢再跟自己的感受相链接。随着他一天天长大，我们将注意力放在人们的评价那里，留意别人的观点，学会带上社交式的面孔，步履匆匆，以为这样子就可以得到所想要的，有些时候它真的帮助了我们，然而更多的时候会产生拉扯的力量，这会丧失更多的快乐和机会。我们已经练习这种身体模式很久，要撤掉惯性的应激反应机制，就要练习聆听身体发出的讯息，尊重身体的意愿。当身体顺畅流动起来的时候，有柔和健康的身心，不管是怎样的问题来袭，也不管在哪里，随便它是什么时候，感受身体心灵和爱的触碰，负面的情绪自然很容易消失。未来无论发生什么，最重要的事情就是回到自己的身上。

下面我们来做与自己连接的练习：

第一步：找到一个相对安静的空间，如果身边有人，告诉他（她）在接下来一小会儿，不要来打扰你。确保关掉你身边的电视、电脑和你手中的手机。

第二步：找到一个地方坐下来，我们不需要躺下，同时做一个简单的动作，把注意力从大脑带回到身体的中心。

第二篇 身体心智

第三步：做一些放松的工作，会启动两种呼吸法。第一种呼吸法，深长缓慢的呼吸，当你吸气的时候，比平常要多用一些时间，吐气的时候也慢慢吐；第二种呼吸法，吸气到头顶的时候要屏住气，去想那些让我们焦虑、担忧的事情，吐气的时候，让这些事情一并排出我们的体外。当你屏气的时候，你的身体可以刻意地挤压。通过这两种呼吸法来帮助我们身体达到放松，也让我们有效地排除内在负向的意识，我们一起来做这样的两种呼吸吧。

第四步：来做第一个连接，跟自己的丹田连接，伸开你的双手，掌心向下，吸气、吐气的时候，它们跟着你的呼吸在移动。感觉我们有一股气也在往下转移，慢慢地下沉，注意力慢慢地下沉，随着我们的手臂慢慢下沉，直至下沉到两脚，感觉两脚深陷大地，有种扎实感的时候，感受在身体的中心有一只眼睛，将注意力和力量放在这个中心。

第五步：打开手，像树木的树干一样地打开，通过指尖呼吸，感受星辰、感受月亮、感受太阳，如独自在旷野中一样，慢慢让自己变成一个温暖灿烂的太阳，在那里只有光，只有爱，充满了光和爱。在那里你感受到被支持着，有许许多多的事物连接着，抱持着我们，我们拥有无限的资源。当你连接到这些，无边的、深邃的、光亮的内在空间，你的内心会有触动，甚至会有眼泪，这个就是与自己连接更深的证据。

第六步：想象手捧着一个能量球，这个能量球我们为他注入爱，注入高尚的品质，注入美妙的创造力……捧着它，感觉它从心出来，将手慢慢升起，将这个能量球抬进世界，并慢慢地放下，感觉自己完全进入到充满光、充满爱的空间，当意识到和感受到的时候，深呼吸，将这份感觉在肌肉血液当中，扩散、扩散、放松、放松、扩散、放松……慢慢地回来。

这是一个很好地跟自己链接的练习，遇到困难和障碍的时候，用一个更具广阔无边的身体心智来展现抱持力，不再一下子把问题和障碍从生命当中推开。要像拿到生日礼物一样，开心地把它迎接过来，轻轻打开包装，不管它是何种的礼物，面带微笑来对待它。用一首美好的诗作为总结，来自奥地利诗人里尔克的一首诗《你是他寂寞的伴侣》：

清理出一个空间，

迎接截然不同的另一场庆祝，

而那位来宾就是你，

在温柔的傍晚，

他迎接的宾客就是你，

你是他寂寞的伴侣，

也是他独白中那不可言说的衷心，

每一次的互相揭露，

你包含得更多，

他会拓展自己的局限，

来抱持你，

来抱持你，

来抱持你。

在激烈的冲突中，不轻易打开身体中的"求存系统"，选择让生理迅速恢复到平衡的状态，不要跟着身体的自动反应来运转，用身心互动来达到这种平衡。压力不是环境的问题，而是能力不够的问题，同样的道理，情绪不是别人的问题，而是没有和自己和解好的问题。我们试图在头脑心智和身体心智这两个世界做得更好，有一种身体接管问题的能力，由身体来进行接管那些在头脑里面没办法解决的问题。愿身体的智慧永远地包裹着你，永远抱持住你。

第二篇　身体心智

三、卓越的创造来自多元碰撞

创造力大多是来自双边或多边的对话，创造力不在你这里，也不在我这里，在我们与他人之间。对于个人而言，创造力不在大脑，也不在身体，而来自它们之间一场对话。头脑心智和身体心智需要对话，逻辑力和想象力之间要来回移动。你如果只在其中一个就相当于制造了问题，只在想象力里面，那叫精神病；只在逻辑里面，那叫机器人。头脑过于官僚和掌控，生命就没有喜悦也没有创造力。**卓越的创造很多都是多元碰撞出来的**，哪怕我们和他人在一起，不再做任何的事情，也会学习到许多的东西。村上春树曾说，"自己"这个东西是看不见的，撞上一些别的什么，反弹回来才会了解"自己"。我们穷其一生磨炼自己的技能没有问题，这是对这个世界所贡献的一份独特力量，也是赢得别人敬重的关键。但是如果要有伟大的创造，我们需要不断和这个世界互动，"三个臭皮匠，顶一个诸葛亮"就是这样的道理。

事物相异相合，不同的事物聚合在一起才能有更新的样式，比如积木都是同样的，就很难创造出多种造型。一个国家和个人也一样，有多元的文化就会构成独具魅力的内在意识，社会面貌和个人生活多姿多彩，有利于跳脱出思想的单一性，丰富认知，促进社会与个人的创新和活力。

【左脑跟右脑的科学】

左脑跟右脑的科学是20世纪60年代的一个研究和发现，科学家发现人有左脑和右脑，左脑管推理能力、逻辑思维和语言等，右脑管感觉功能和艺术思维等。左脑又叫有意识脑，大脑里面的中枢神经与左脑相连接，是属于重要的神经支配，对人的语言或思维等方面有一定的辅助作用。感官系统收集到信息并储存，由左脑来进行分析处理，左脑承载着逻辑这个部分，我们知道它已经做了很多的活。我们把"艺术大师"的右脑给遗忘了，那问题会很大。右脑又叫艺术脑，对外界事物的一种审美评价都是由右脑来承担，大脑通过对信息的收集，由脑部中枢神经来对右脑进行分配。右脑有创造、想象或艺术思维等优势，比如我们的愿景和梦想，右脑认为愿景和梦想有怎样的画面，就会发送给左脑去计划和思考。正因为情绪的力量和逻辑的能力，让梦想更容易达到。生活中可让左右脑平衡地使用，单使用左脑会比较刻板、理性和缺乏幽默感等；右脑有极强的想象力，感情丰富，有人情味，但没有了逻辑和理性，就会缺少精细和控制。**发展意识与潜意识之间的和谐关系是创造力的关键。**

左脑跟右脑以一种协调的合作关系，可达成意义非凡的一种创造，右脑通常是透过情绪、无尽的原始意识进入到一种系统完整的"大师计划"。左脑具有令人信服的语言、逻辑和计算来帮助右脑完成计划，左脑喜欢在独自绘制的地图里面行走，就像是隔离在密闭的空间里面。"世界右脑开发第一人"斯佩里认为右脑的思维方式具有无序性、跳跃性和直觉性等，与宇宙会有共鸣感。左脑是人的"本生脑"，记载着人出生以来的知识，而右脑是人的"祖先脑"，很多本人没有经历的事情，如果接触就能熟练掌握。右脑是潜能激发区，创造力的喷发区，若没有右脑功能的开发，左脑功能也不可能完全开发，反之亦然。人的大脑存在着功能上的分工，现在人们会倡导全脑开发。爱因斯坦说，我思考问题不是用语言进行思考，而是用活动的、跳跃的形象进行思考。这个世界绝大部分的事情，最终都是由感性的力量来决定的。

对左右脑的功能直觉性地区分与运用，会更加的平衡和美好。小时候人的右脑都相对发达，但由于人类习惯左脑教育，使得右脑的功能渐渐萎缩，比如把经济列为人类生活的头等大事。就如萨古鲁所说：我们的爱不重要，想象力不重要，自由不重要，美的敏感度不重要，音乐和舞蹈也不重要，最重要的事情就是财务计算。如今，在我们生活的周围，假如你说某某人是一个大人物，意思不是说他是一个最有智慧的人，不是说他是一个最有爱心的人，也不是说他是一个最有技艺的人，更不是说他是一个最为静心的人。它的意思只有一个，那就是：他是城里最有钱的。因此，我们的整个生活都在围绕着左脑转，除非生活中更为重视右脑的层面，否则我们不会成为一个有创造力的人。

习惯左脑思考的人还能不能找回右脑失去的功能呢？答案就是多接近艺术的感知，比如音乐、美术和舞蹈，更多进行图像式的思考，在大脑里大胆地对经验的事物进行扭曲，当大脑以从未有过的画面来输入时，能够瞬间抓取的右脑就会活跃起来。如果坚持进行唤醒右脑训练，有一天你会突然发现，自己变得有想象力，变成一个左右脑平衡，逻辑力与创造力并重的全脑人。

【差异化激发多元思维】

爱因斯坦还有一句话很重要：如果我在早年没有接受音乐教育的话，那么我无论在什么事业上都将一事无成。左脑和右脑处理信息各不同，产生的意识都会相互碰撞和交织，人的意识流没有足够的更新和交汇，就说明有一方的功能被闲置。**意识是多彩的，人类因有多样的意识才有心智的成长**，它让人在漫漫的人生路上有多姿多彩的呈现和创造。

整合内在不同的意识就像在煮一锅汤，可抱持性带来多重的、矛盾的部分。例如只要快乐不要悲伤，是不可能做得到的，反而有更多的冲突和矛盾，悲伤只是多种心情的一部分，可以给它一个位置，把活泼的意识连接起来，把勇敢的意识找回来，一个富有创造力的团队就被创造出来。伊斯兰教苏菲派诗人鲁米在他的诗里写道，人生就像一间客栈，每天都会有一些宾客来临，有喜悦的、沮丧的、卑鄙的……以及每一瞬间觉悟的来临，欢迎并款待每一位来宾，即使他们是一群悲伤之徒，来扫荡你的房间，将你的家具一扫而空，你仍然要款待每一位来宾，也要在门口笑脸相迎，邀请他们进来，无论是谁，都要感激，因为每一位都是远方派来的向导。

每一天会有很多不同的思想来拜访，有快乐的、有伤悲的，有激情的、也有抑郁的，有高尚的、也会有卑鄙的、有憎恨的……只把快乐的人迎进来，慢慢会发现你自己出不去，别人也进不来，最后把自己变成了一座监狱。事实上，每一种意识都是人性的一部分，是生命整体性的表现，我们与其抗拒，不如认真对待它。若是不要某一些人性意识，**那就相当于把一些人给关起来，把有些家庭成员隔离在家庭之外**，要做的就是把所有门都打开，让所有人都手拉手，邀请它们喝杯咖啡，邀请它们一起跳个舞，在这里创造力就开始产生了。

　　内心深处有各种本能、伤痛、印记和情绪等所引导，我们并不是有能力把所有的事情都搞定，也会常常把事情搞砸，这是很平常的事情。当暂时没有拿到成果的时候，不要太去责备自己，因为失败对每个人来说是大概率的。无论如何，困难的事情都会发生在每个人的身上，在我们的身上，也会在他人的身上。但是最后一定可以走出困境，取得成功，我们也会因此变得更有韧性。所以，对自己好一点，人生本来就不完美，那些我们定义所谓不好的意识也会带来人生中那些最美好的东西。

　　复合型人才之所以被认定为多功能人才，其特点就是多才多艺，他们拥有多种思维整合和技术融合的能力。这一特征决定了人都要拓展多个知识和技能，当各种意识交叉更能在思维上轻易取得突破。英国著名演员杰森·斯坦森，现在他是好莱坞硬汉形象的代表之一，在他出道做演员前，是一个专业的跳水运动员。艰苦的训练让杰森·斯坦森更擅长演绎性格坚韧和动作敏捷的角色，并比他人更能把气质发挥到极致。

　　我曾看到万维刚写的一篇文章《美国的中年人》，他说在美国中年人是不油腻的，以他在美国科罗拉多大学物理系当研究员的接触经历来看，许多美国中年人的专业水平都很高。他们往往都有一到两个学位，而且活到老学到老，是喜欢探索新事物的好奇者。在美国加州学习的时候，我也接触到许多欧美人，他们除了在做一些企业管理咨询外，还是昆虫专家、消防专家或历史学家等。一个人拥有更多的专业背景，能够吸收到不同领域的元素，在思考和处理问题的时候，可以在一条线上进行发散式思维，当不同的意识产生分化，这种差异性的思维激发和促进新的意识出现。一个社会也是这样，人的个性越多样化，文化越多元化，社会不是变得愈加复杂，而是每个人彼此吸收不同的意识和文化，往往可以启发整个系统有全新的形态。所以说，社会也好、公司也好，到我们个人也好，当那些看似毫不相关的元素组合在

第二篇　身体心智

一起时，引人入胜的境地就自然出现。

　　万维钢也举了个例子，这也是我在课堂很喜欢讲的故事，可我不知道机长萨伦伯格竟然能拥有这么多的专业背景，我知道他曾经是一名战斗机飞行员。全美航空1549号班机是一班从纽约拉瓜迪亚机场到北卡罗来纳州的夏洛特，再飞往西雅图的每日航班。在2009年1月15日起飞后两分钟内，飞机的两个引擎因撞上黑雁群而全都瘫痪，这架飞机由机长萨伦伯格负责执飞。他向机场塔台报告并要求立即折返机场，机场方面也指示1549号班机立即折返，萨伦伯格机长发现飞机动力无法支持折返机场，于是准备让客机飞往新泽西的泰特伯勒机场作紧急降落。但萨伦伯格又发现当时飞机的高度及下降速度，无法让客机安全降落于泰特伯勒机场，他决定避开人烟稠密地区，冒险让客机紧急降落在贯穿纽约市的哈德逊河上。拉瓜迪亚塔台在机长告知即将降落哈德逊河23秒后与班机失去联系。飞机飞进哈德逊河河道上空，并采取教科书式的动作，以滑翔方式缓缓下降，机尾首先触水，其后以机腹接触水面滑行。在这个过程中，机组人员在萨伦伯格的影响下各司其职，先通知当地各救援部门，情绪稳定地告诉乘客"会安全到一个有趣的地方"，并教会每位乘客如何做好一切防护措施。飞机在水面上迫降，是实验一百次才有可能成功一次的冒险，最后，飞机于哈德逊河面上安全迫降，包括机组人员154人全部生还，并没有一个人受伤，创造了航空史上的"哈德逊奇迹"。在疏散乘客时，萨伦伯格还两度检查机舱，确保没有乘客被困才最后一个人离开机舱。事发后萨伦伯格被生还者及美国民众推崇为英雄，正因为他丰富的临危经验及拥有高超的驾驶技术才挽救了所有人的性命。萨伦伯格机长1980年加入全美航空，此前曾有在美国空军驾驶F-4"鬼怪"战机的经验。他亦曾多次参与美国国家运输安全委员会（NTSB）协助调查飞机失事事故，并在加州大学伯克利分校任教，研究灾难危机管理。而在加入空军之前，他拥有科学、心理学和行政学的学士和硕士学位。

　　人的时间和精力有限，能够在一个领域成为专家已经不容易了，想在多个领域都要学习和钻研，将多个不同学科的智慧融合在一起更难，但当下时代变化的剧烈程度超出想象，混合型人才更能提供有价值的创意，以及从不同的角度出发的全新见解。当代西方的文化与东方的文化也是不同的，重要的是我们这一代人如何超越固有的文化体系而兼容并蓄，因为许多好的创作既融合了东方传统也包含了西方文明。

　　站在自我角度的思考只是一个维度，用别人的角度来思维最大的不同就是把自己的心智与现实进行磨合，从认知—吸收—反馈—整合—适应，改变固有的思维系统。一个人长期停留在固有的认知黑屋里，外界带来新的机会，思维在"吸收"上也显得困难，并且拒绝实施"整合"。别人不太愿意接受我们的思维方式，那是别人的事情，我们也不太愿意接受他人的思维方式，这是一套负循环的机制，这样无法看清事物背后隐藏的机会。所谓的高手往往会捕捉别人的思维，用好别人的经验和认知，能够静下心来反思复盘，不断更新自己的认知系统，实现自我迭代。

【四肢发达头脑才会不简单】

　　"四肢发达，头脑简单"这句老话，相信许多人已朗朗上口，说明大多数人潜意识里认为体格健硕、肌肉发达的人，就是脑袋瓜不灵活，做事蛮干的人。这个认知是巨大的错误，我们都被这句话骗了很久。**体格与智力并不矛盾，聪明不聪明并不是通过体型来决定的，肌肉可以增强大脑的认知功能，更健壮的身体使人拥有更加敏捷的头脑。**美国哈佛大学著名心理学博士霍华德·加德纳提出了"多元智能论"，加德纳博士认为运动能够增强人的神经感知能力，他把身体运动作为一种人类必不可少的"智能"来对待，而在此之前，人们认为它属于"体能"的范围。科学家曾经追踪一群学龄前的小朋友，之后发现那些学龄前有运动习惯的孩子，他们在专注力和学习力上比学龄前没有运动习惯的孩子表现更佳。孩子如果充分运动身体，可以激发神经系统的感知力，对事物的探索更加热情和深入，促进大脑理解能力的提升。**大块头也有大智慧，爱运动的人更加聪明和有创造力。**

　　体育是一个民族强盛的标志，健康的体魄更是美好人生的基础，是高品质生活和现代文明社会的标志之一。一个人要有好的头脑，还要有好的身体，经常说"身体就是革命的本钱"，要想拥有好的人生，就须多多关注身体的健康。

第二篇　身体心智

很多文章都会说到国外的孩子热衷于体育运动，运动是国外精英阶层培养孩子最为注重的方面之一，他们认为一个从小就拥有运动习惯的孩子，长大以后，会在各个方面更加有开拓力，从而更好地照顾自己的身体。在他们的文化里形体美是非常重要的，身体要匀称、结实、紧致和有活力。

老外曾报道今天的中国大爷大妈，他们在公园和广场展现他们的肌肉和舞姿，可是中国的孩子更多的是趴在教室的课桌上，而不是奔跑在操场上，这让他们无法理解，因为孩子如果缺乏运动，对身心的发展是有害的，这不但会减缓骨组织的生长，也会减缓大脑的发育。运动和健身其实是有头脑心智的参与的，是信念上的热衷挑战自我，**要让头脑和身体同时都拥有力量。**

【运动就是玩儿】

国外把打球叫做"play ball"玩球，"play basketball"叫打篮球，"play football"叫踢足球，运动其实就是身体神经系统在塑造快乐的路线。"飞人"乔丹成为世界最伟大的篮球运动员是因为他爱篮球，"老虎"伍兹高尔夫球打得好也是出于他的热爱。运动不是按大脑的逻辑按部就班，需要大脑对外界不断出现的情况做出快速反应，在这个过程中，大脑和身体会形成密切配合，并把身体变得更加有智能、灵活和有创造力。我曾到现场看过中国国家队和国外球队的一场比赛，比赛结束的时候我国记者采访外国球队队长时问，你觉得这支中国球队给你什么印象？这个队长在欧洲一家著名俱乐部踢球，他说，在来之前，我只知道这是一支挺棒的球队，但是我不认识任何一个球员，他们也不是世界上某一个著名球队的球星，来到这里我看到所有人都长着同样的一个面孔，很遗憾的是这场球踢下来，我没有看到一个有创造力的球员。

在部队我很喜欢踢足球，可以说整整踢了16年，虽然技术相当业余，但是踢球很锻炼人的创造力，带球突破对方的球员要不断转向、变速、对抗和摆脱等，这些都是需要大脑的感官反馈能力。一支球队需要11个人的协调和配合，最终讲究的就是创造力。中国球队为什么很难冲出亚洲，最根本的原因就是缺少创造力。巴西球员，他们在球场上都是天马行空的，有非常强的创造力。由此给到的启发就是要让孩子多运动，让孩子们有更多的时间玩各种球，不要把孩子的未来限制在只有读书才有出路上。**家长要有一种清晰的信念：孩子们最终的较量是综合能力的较量，而强壮健康的体魄是所有的基础。**

  我鼓励孩子去运动要比去读书积极，从人生的长远来讲，只有拥有健康的身体，人的一辈子才不会输。现在的孩子真的很缺少运动，你不觉得吗？他们只有一次一次地考试，一次一次地被裹挟在高考复习中，分数要高一点，而不是跳高高一点；大学考好一点，而不是身体健康一点，事实上运动对达到好的学习状态和能力很有帮助。我们真的可以给孩子提供更多运动的环境，甚至鼓励孩子走上一条他热爱的体育之路，属于他天赋的创造之旅。

自由的身体

——陈育林

别小心翼翼保管身体
有一只孔雀想打开屏
别把身体紧紧锁住
你听，静静地听
有小孩子在暗室里哭泣
铺上红地毯把仪式做做
牵着她的手步入舞池
你真的不知道吗
她是这场舞会的特邀嘉宾
你不让她上台表演
还有谁可以踮起脚尖寻找你
活在头脑里
怎能创造灵魂级之舞曲

不管你现在有多担忧
别再担心了
任由身体漫天飞舞
让除了自由之外还是自由
你会爱上她
也会遇到很多喜欢她的人
虽然现在你觉得不自在
但是自由终会到来

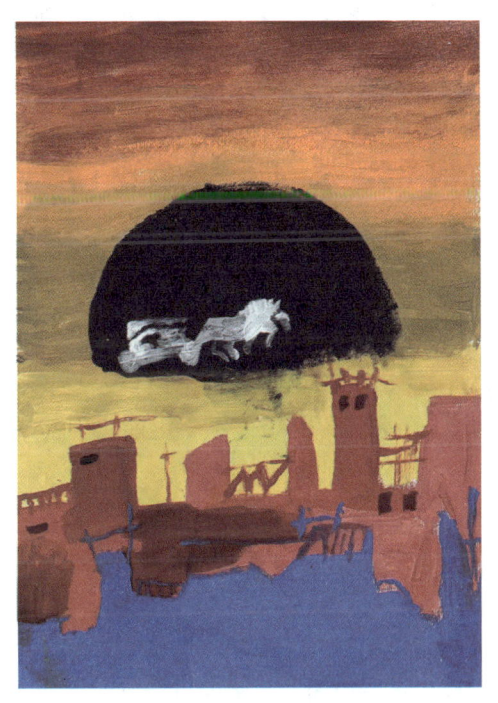

（绘图：蔡予涵，12岁）

四、活出孩子的样式

小孩子代表纯洁、天真无邪和简单的相信，他们活泼又可爱，代表了一个人最珍贵的品格特性。**有孩子的样式的时候，人就会单纯和平静，远离喧嚣世界的欲望，使人自然地去追求生命的新态**。真正心灵已得到升华的人不太会迷恋外界的东西，他只是为完善自己的心灵才去利用外界的东西，他们的心愿就是世界和平，他们的样子就是孩子的样子。

近代有一个亚洲艺术家在世界上极具影响力，像耐克、LV 和宇珀表都要找他设计联名，他在凡尔赛宫开个展，总是被赞誉所围绕并热捧。他就是和草间弥生、奈良美智并称为日本当代艺术的"三剑客"的村上隆。村上隆出生在 20 世纪 60 年代，坊间有人说，如果你有钱，你可以去买任何你喜欢的跑车和名牌，但是你不一定能买到他的作品。

之所以他的作品能够被人们喜欢，是因为他的作品总能给予人像孩子一样的活泼、好奇和自由等"幼稚力"。

有孩童的样式意味着他拥有一颗童心，而不是幼稚不懂世故，是应该更被珍惜和尊重的。看到了太多的老道持重和冷漠的面具，却从来不敢把心打开，像一座城堡一样把自己关在里面，不敢被爱，也不敢爱人，喜欢用高不可及的围墙遮挡自己柔软的心，不想让人看见自己的悲伤和软弱。从出生的那一刻开始，到离开这个世界，内向的孩子其实一直伴随着我们走完这一生，最终无法活出孩子的样式，是因为在背后有更强的一种动机，认为在这个世界上如果把自己敞开是不够安全的，情绪不应该表露无遗，正是这样的信念，把活泼变为严肃，将灵动变为固执。不管你的故事怎样，未来怎样，孩子的样式都应该伴随着你。在社交中为人处世也要像孩子一样恳切真诚和具有同情心，古人说：真诚恻怛。真诚和恻怛这两个词连在一起，要真诚而且有怜悯之心、恻隐之心。

随着年龄越来越大，要越来越活出孩子的样式，和朋友打闹嬉笑也可以是常有的事，更多的真性情，更多的简单，更多的好奇心，保持孩童般的天真。像孩子一样玩乐让我们对社会环境的态度更积极、适应力更强。像孩子一样去探索，像孩子一样的放松，永远好奇，永远简单。**孩子的样式是活力满格，快乐一直在线**。没有像孩子样式的人，很多美好看不见，很多温暖感受不到，身体显得更包裹，心理压力更大，有时候像孩子的样式给了我们一个释放压力的窗口。

【像孩子一样童真和玩耍】

童真指的是儿童天真的本性，它没有经过世事过滤的天然状态，更没有心机和欲望。童真不是我们所认为的幼稚，而是一种勇敢，人在物欲横流的世间，很容易被社会这把雕刻刀刻成世故的模样，丢了灵魂，也丢了快乐。丰子恺说所谓"高级的成熟，就是保持一份童真"。就像大师画家黄永玉，活脱脱就是一个老顽童，他是"永远的天真"的典范，林青霞说他是她见过"90后"最年轻的汉子。虽然不是专业出身可是他的画作充满想象力和自由，这与他如孩子坦率赤诚，童真和爱玩有关。

如果你现在有一个7岁以下的孩子，那么我要恭喜你，因为你有一个别人没有的资源，有一个"创造力的大师"就在身边。你去观察这个年龄段的孩子，他们的身体是一种不卡住的状态，成人大部分身心都被锁定了，有很多的责任，有很多的忧伤，没有孩子般的放松。我会有意识去模仿孩子的身体模型，我的小儿子今年刚刚4周岁半，跟他玩是我认为世界上最开心的事情了，有时候我会模仿他的样式超过两个小时。比如会跟他扮演动物，他会可爱地说："爸爸，我是大狮子哦，我会咬人的！"然后他就扮演一只狮子要咬你，这个时候我也会跟着他变成另一只狮子咬他的小腿，他会说："你不能咬我，因为我是大狮子。"我也学孩子说话："我这个狮子会咬人，因为我有大牙齿。"当我学他样式的时候，用他的语言，用他的声调，用他的身体模型，身体其

创造力的艺术

实就进入到一种灵动的状态，你是在把你原来固有的神经系统做了一个"摧毁"，或许这个词有点说过头，就是做了一个彻底的改变，大脑心智和身体心智重新有了整合，你会有更多的 idea 出来。一个人顽皮好玩，意味着他没有丧失天性，内在有许多可贵的东西可以被开发。

村上隆坚持认为自己不写作时是个地地道道的普通人，他说他的创造力是个"黑匣子"，无法在有意识的状态下进入。因为孩子的身体，孩子的意识他们是无限的空间，拥有无限的创造力。如果你自己的孩子都大了，只要身边出现别人家的孩子，你尽量靠近孩子，蹲下去跟他玩，模仿他的样式，非常有意思，也对身心的健康有帮助。把注意力移到孩子的身上，去觉察跟孩子的样式有没有足够的匹配，然后把注意力放在我们的声调、语言以及肢体上，然后跟自己说我是一个孩子。模仿会从外在进入到内在，在孩子的模式中能体验新的身心状态，身体的感觉会不同，核心就是快乐、顽皮和纯粹。

3～7岁是孩子最好奇，也是最为调皮的年龄段，这时候的孩子开始他们的表演，对世界充满好奇，有一定的认知能力，玩起来会有许多花样，我们都尽量保护好他们的天性，在一定限度内放手，让孩子天性得到更持久地释放。我看到过这样一个故事：有个妈妈带着孩子在一个屋檐底下避雨，这时候孩子拿起地面上的一只蜗牛问妈妈："妈妈，蜗牛背着重重的壳，为什么它还可以走路呀？"妈妈一手就把那个蜗牛给拍掉："这个东西很脏，你怎么可以拿它！"孩子接着又说了这样一句话："妈妈，为什么蜗牛喜欢雨天出来爬行呢？"妈妈回头又是一句话："你管它什么时候出来爬行，那个东西以后你不要再去拿它，很脏有时候还会咬你。"孩子再也没有说话，脸上满是受挫的表情。孩子本来看起来就像一个探险家，就像一个科学家，被妈妈的几句话活生生地给阻止了。

孩子天生有非常强的好奇心，他们的眼睛跟我们是不一样的，而我们习惯带着旧有的经验，来看待和过滤所接收的一切。孩子们有全新的视角，事实上在这样的一个观察中，就能让孩子的生命发生很大的不同。妈妈自己的局限活生生地扼杀了孩子的创造力，蜗牛为什么有重重的壳？蜗牛为什么会在雨天出来爬行？这都是非常有创造力的探索呀，很可惜这位妈妈让孩子的

第二篇　身体心智

创造力没有得到很好的提升，同时她对自己的行为和语言也没有太多知觉。这是做父母最危险的地方，孩子的一生都有无限的创造力，但是被大人各式各样的局限挤压。

艾瑞克森催眠有一个理念，内在需要有三种原型的力量：孩子的顽皮，武士的力量以及妈妈的温柔。我们当中有多少人已经失去玩的品质？又是什么时候开始失去玩的品质？为什么越来越多的孩子没有感受到读书的快乐？并且不快乐的时间一直在提前，以前是高中，后来是中学，现在连幼儿园的小朋友都不太喜欢去上学了，因为孩子的天性就是喜欢玩，如果没有办法给孩子足够的快乐，他们是很难有动力去学习新的东西。有一次，我带着四岁的小儿子去冲浪，刚开始他还不太想去，后来玩了一天，第二天他就跟我说，能不能不去上学，我觉得外边更好玩。若学校没有显示出尊重孩子天性发展的机制，一味功利性地追求成绩，我会觉得孩子在这样的学校没有前景。上学是用来学习快乐和成功的，教育不应该只为了文凭，而是要解决如何尊重孩子的天性机制，让孩子们在玩耍中学习成长。

曾经接到一个个案，来访者是一名幼师。她说特别喜欢孩子，可是她也不想继续这份工作，因为她认为孩子的天性不应该被过分地压制。身边的老师总是管教孩子要安静地坐着，不许乱跑，她哭着跟我说孩子都像狗狗被管着，而不是一个生命的个体。孩子的天性可以说是这个世界上最宝贵的东西，这种天性自然会随着时间慢慢淡化，等想要的时候再也回不来了。爱玩好动是孩子最平常的行为，这是他们带着好奇和探索的眼睛在认识这个世界，他们精力旺盛，屁股坐不住，爱哭也爱笑，喜欢自由自在，大人如果过于控制孩子的天性，等于扼杀孩子的天赋。

随着年龄越来越大，我们可越来越活出孩子的样式，和朋友打闹嬉笑是常有的事，更多的真性情，更多的简单，不必过于老道持重，不敢把心打开，不敢被爱，也不敢爱人，不要老用高不可及的围墙遮挡自己柔软的心，让人看不到自己内心的悲伤和软弱。《美国游戏》杂志编辑斯科特·埃贝勒博士说："玩乐能让我们对社会环境的态度更积极、适应力更强。不可否认，我们在玩游戏的时候，脑子会更灵活、反应会更敏捷，不会玩游戏的人，往往显得更迟钝，心理压力更大。游戏给了我们一个释放压力的窗口。"美国印第安纳大学的研究发现，有20%的孩子都表现为"顽皮爱玩"，但这些孩子在成年之后会表现出很强的创新能力。"皮孩子"和"老顽童"往往是那个被低估的"潜力股"，所以，**顽皮爱玩反而让一个人变得优秀。**

【三种原型能量】

吉利根认为人需要三种基本的"原型能量"：**妈妈的温柔（tenderness），武士的力量（fierceness）和孩子的顽皮（playfulness）**。温柔是一种把生命牢牢掌握在自己手上的力量，能够感受到他人的痛苦，有无条件爱人的抱持力。温柔的人往往带着宁静和接纳的心态，能让躁动、愤怒瞬间变得平息，一个温柔的人能把人与人的距离拉近，会把家庭以及各种关系处理得很好。习惯严肃而紧绷，缺乏顽皮的力量会有攻击性，它很容易把人推向暴力。而没有力量生命会充满软弱与依赖，人的内在特别需要像武士一样的勇敢和坚定，甚至不怕死的力量，才可以在无力和恐惧时找到支撑的力量，人无时无刻面对危险和挑战的侵袭，有武士力量的人往往能够找到突破口，能够保护自己和他人，随时随地给人们以勇气和信心。人面对世界的种种事物的处理态度，所依据的是他内在的意识，原型力量的品质便决定了这个人的人生走向，需要做的就是保持这三种能量之间的平衡，清晰且明确地把温柔、勇敢和顽皮当作内在的"箴言"，用它来对抗人生中的挑战，**让颇多波折的世界保有纯粹和热忱。**

【笑容是快乐的外在标杆】

笑容被定义为身体语言之母，笑具有不可思议的速度和力量，能在瞬间让负面的身心状态变为正向的身心状态。中国古话说：一笑了之、不打笑脸人、相逢一笑泯恩仇等，说明笑具有化解问题的力量。比如当你把笑容在脸上展开的时候，你的心情是愉悦起来了，还是变得有些抑郁？你甚至会感觉不好的事情已经在身后。微笑看似是外在的行为，却在神经系统上起到重要的作用，成为我们跨越困难的决定性力量。倘若一个人脸上总是不苟言笑，神情庄重

第二篇　身体心智

或者哭丧着脸，并不是说他不是一个乐观的人，而是说他体验到的快乐更少。

　　亚马逊创始人贝佐斯的前妻麦肯齐曾经在接受采访的时候说道，贝佐斯虽然从事的是严肃的金融工作，但似乎总是能找到各种笑点，麦肯齐经常在办公室听到他爽朗的笑声，正是这一点特别吸引麦肯齐。当时贝佐斯是公司最年轻的副总裁，而第一个面试她的人就是贝佐斯。"我们的办公室紧挨着，每天都能听到他的笑声，怎么能不心动呢？"尽管从我们人类的角度来看，微笑是一个简单的行为，但现代许多人被毫无表情的脸代替，微笑不是可有可无的表情，微笑反映人的信念和心灵，唐伯虎对秋香说：一笑倾城，二笑倾国，三笑倾我心。背后是一个人对生活的信心和对他人的善意。笑容是一种由内而外的美好情感引发的，脸上没有笑容就和体验痛苦没有太大的差别。笑容不是微不足道的身体语言，**笑容是快乐的外在标杆。**

　　微笑跟人的思想几乎是同时工作的，微笑之前一定存在着思想指令，平时喜欢笑的人一定具有更强的信念，同时可以确定出他能管理好自己的身心状态。是笑容让身心系统活生生变成正向的系统，所以别小看笑，它具有很好的疗愈功效。**人不能让严肃的表情经常在脸上存在，有些不积极的思想就容易跑进我们的大脑里。**透过微笑把每一个负面想法变为正向想法，把我们僵化的脸庞变成喜乐的笑容，通过身体心智去排斥那些负面的思想，去连接和触发正向的信念。所以，**严肃是一种病，得治！**当微笑成为一种习惯，我们就拥有了好的生活。

五、生命中练习什么，你就精通什么

灵感来源于工作之中，而不是什么都没做之前。

——麦德琳·兰歌

知识是创造的基础，也是灵感产生的基石，而知识积累是一个渐进的、量变的过程。同样，深刻的灵感需要建立在知识长期积累的前提下，建立在知识的储存基础之上。创造力就像空气，看不见它，它就像风，我们只能去感受到它。当风启动的时候，叶子会飞舞起来，纱窗会飘动起来，当创造力的风开始的时候，生命也会发生不同的转向。能够自如、有韧性地来玩转问题，那些具有很强创造力的人，他们都能不假思索地躲进问题中寻找有用的资源，每一个问题只要做一个更好的超越，就可以把同行的人甩得远远。伟大的人之所以比别人成功，是因为他们保持很强的自信能力，在自信的意识里面，就包含了创造力，因为我有了创造力，就不怕问题的到来，创造力显得尤为的可贵和美妙就在这里。

前面聊到当身心处在和谐一致的情况下，创造力会飘然而至，人需要有好的身体和精神状态，灵感这个"精灵"才会来造访。有创造力的人通常能保持远大的视角，放松的身心，身心完全沉浸在体验本身，有高度的入迷、兴奋及充实感，这个时候会不会有一些新的想法飘然而至？想一想，当你不太情愿，不太喜欢地去做某件事情的时候，你会得到什么？是不是无聊和疲乏，但那些美好的灵感会登门造访吗？答案显然是否定的，全身心专注的力量是非常强的。非常热爱地趋向某一个事物的人，刚开始并不知道什么时候可以得到这样的奖赏，可是它最后真的来了，若不是很专注地在做某件事情，

第二篇　身体心智

我们就很难从潜意识得到回馈。把技能发展到极致，不但提升了本领，而且可以达到精神上的享受，这就是道，道是万物的根本。创造力所依附的是对技艺的追求和精神的修炼，是每个人生命积淀和多种因素的合成。

【用心灵去感触牛】

秋高气爽，庄子信步来到濮水北岸牧场上，只见遍地牛群，他捋着胡须，陶醉了。

庄子突然想起今天庖丁要参加技能大赛了，于是快步前往。

只见庖丁注目凝神，提气收腹，气运丹田，他表情凝重，运足气力，挥舞牛刀，寒光闪闪上下舞动，劈如闪电掠长空，刺如惊雷破山岳，只听"咚"的一声，大牛应声倒地。

再看庖丁手掌朝这儿一伸，肩膀往那边一顶，伸脚往下面一抻，屈膝往那边一撩，动作轻快灵活。庖丁将屠刀刺入牛，皮肉与筋骨剥离的声音，与他运刀时的动作互相配合，显得是那样的和谐一致，美妙动人。就像踏着商汤时代的乐曲《桑林》起舞一般，而解牛时所发出的声响也与尧乐《经首》十分合拍，这样的场景真是太美妙了。不一会儿，就听到"哗啦"一声，整个牛就解体了。

站在一旁的文惠君不觉看呆了，他禁不住高声赞叹道："啊呀，真了不起！你宰牛的技术怎么会这么高超呢？"

庖丁见问，赶紧放下屠刀，对梁惠王说："我做事比较喜欢探究事物的规律，因为这比一般的技术技巧要更高一筹。我在刚开始学宰牛时，因为不了解牛的身体构造，眼前所见无非就是一头头庞大的牛，等到我有了3年的宰牛经历以后，我对牛的构造就完全了解了。现在我宰牛多了以后，就只需用心灵去感触牛，而不必用眼睛去看它。"

"我的这把刀已经用了19年了，宰杀过的牛不下千头，可是刀口还像刚在磨刀石上磨过一样的锋利。"

在满堂喝彩声中，庖丁轻松夺冠。

该成语典故揭示一种处世的方法，庄子认为：人只要反复实践就熟能生

117

创造力的艺术

巧,从而掌握客观规律,不管是杀牛,还是现实的生活,必能从困境中解放出来,获得真正的自由。

【功到自然成】

精通,精诚所至,通达感应。 指的是对事物透彻理解并能熟练掌握之后,就会有心灵的感应。当人对某种事物的知识和经验达到一定的阈值,他就能透彻通晓。也就是说一个人的创造力和他对这件事物的理解与娴熟程度相关。**创造力往往不是一蹴而就,轻而易举就可得到,需要在长期的工作中,一点一滴积累丰富的经验而成。** 所有的学习者学技巧都要一步一步地前进,创造力更不是想得到就可得到。培养创造力也要积少成多,须在某个领域浸淫一定的时间,为得到它而付出许多的精力。大部分的人总是在向某一个目标趋近的时候半途而废,或者没有给到足够多的专注力量,然而却总幻想拿到好的成绩,人们习惯表浅地探寻和快速地回馈,而不是细抠于每时每刻的细节,并刻意练习。《当下的力量》的作者埃克哈特·托利说过:艺术创造、体育运动、舞蹈、教育、咨询……对任一领域的精通都意味着思考的头脑完全没有参与,或者至少它被置于次要的位置。没有决策的过程,正确的行动自发地产生,而"你"并不是那个做的人。精通生命的艺术意味着完全放弃掌控,你变得与那更伟大的意识步调一致。

"铢积寸累"语出宋代苏轼《梦中作靴铭》"寒女之丝,铢积寸累",强调一点一滴地积累;"日就月将"出自《诗经·周颂·敬之》"日就月将,学有缉熙于光明",意思是每天有收获,每月有进步,形容积少成多,精进不止。"铢积寸累,日就月将"隐藏着辩证法中的从量变到质变的规律,强调的是量的积累和沉淀。为学没有捷径,都要经历一个日积月累、由浅入深、由小而大的过程。唯有不弃微小,不懈努力,一步一个脚印,方能学有所得、学有所成。**任何大师都需要练习,真正的精通,不是你懂理论,理论背后的原理,而是身体已精通。**

精通不但是获取灵感最好的方式,也是应对压力最有效的策略之一。 它意味着要把面对挑战的恐惧感,转化成积极寻找资源的力量,透过压力事件

第二篇 身体心智

实现自我成长。作为一名导师,我有很深的体会,记得我刚从军校毕业下基层部队任职的时候,一开始我非常害怕在全连官兵面前说话,给排里的战士布置工作也很不在行。后来我退役成为一名培训师,走上讲台面对学员进行公众演说是必须要做的事情,于是我在台前台后做了大量的练习,并且在每次授课之后进行总结,最终形成了自己的演说风格。

有一句话叫"功到自然成","功"不断地达到就有不断的成就来到面前。在心理学里面,有一个著名的定律叫"一万小时定律",著名作家马尔科姆说到有一些人,我们把他称之为不合群的人,他们有成功的秘诀,这些人就是对某件事物投入了一万个小时以上。马尔科姆提到了很多很多的案例,他讲到了大家熟知的一个人,微软的创始人比尔·盖茨在13岁的时候就开始对软件很有兴趣,对于编程很热爱,比尔盖茨从13岁起,持续在这个行业里面倾注几十年的时间。以一天他倾注3个小时来计算,一周有21个小时,十年他就已达到一万个小时,这样的经验和这样的阈值,注定会让比尔·盖茨成为一个编程的专家,注定会让微软成为一个伟大的企业。对事物投入更多的时间,这种行为是自发性的,这种意识是热爱的而不是厌烦的,不是骑在奔跑的马上看花,浮光掠影的观察,而是一种很深入的了解和极度的用功,事实上成长的大忌就是囫囵吞枣。专注本身,会让创造力这个"精灵"觉得有安全感,敢出来玩一玩。

一个在森林里面砍伐树木的伐木工人,每天都花三个小时以上在砍伐树木,他对砍伐树木会越来越娴熟,他对树木的大小和质地会很了解,在无数次的砍伐中拥有别人没有的经验,时间久了他就是一位大师级的伐木工。一个人想从一件事物中拿到别人没有的灵感,必须对这个事物有更深层次的理解,对伐木位置的精准性把握,甚至对树的生命有透悟和连接,就像我们中国著名的钢琴家郎朗,他说在弹钢琴的时候,不只是让手指去弹出音符,而是跟钢琴,跟每一个琴键都在进行连接。当他拥有这样的品质之前,他的手指在琴键上有着无数次的操练,才会在指尖上喷涌出澎湃的创造力。

日本有一个寿司大师叫小野二郎,他被称作"师傅中的师傅,职人中的职人"。他从十几岁开始做寿司,他认为每一颗米粒,每一块肉,都是有生命的。

创造力的艺术

每一次做寿司时他都会跟它们沟通，甚至会跟它们对话，"章鱼必须要被按摩40到50分钟，米饭的温度要保持和人体温度一样，揉捏寿司的力度要均匀……"精准和追求极致是小野二郎对待工作的态度，这是一种很高的精通层次，我们往往会把这些人称之为大师。大师对自己手头的事情有很专注且认真的态度，如果在过程中他的注意力不断地转移，就不能悟到这种境界，他无法成为"家"，成为大师。没有精通是不能够成为行业的佼佼者，我们需要将这一种清晰的价值观告诉所有人。在我们所做的工作当中带着专注，遵循"一万个小时的定律"，再加上不断地精进，我们离大师与创造力就很近。

郎朗出生在一个平凡的家庭，从小并未呈现出与其他人不一样的弹钢琴的特质，只是父母希望自己的孩子将来可以成为世界级的钢琴大师，于是他爸爸妈妈就把客厅空出来作为练琴室。有一天小学班主任去郎朗家家访，发现他们家的电视机盖着一块布，上面都是灰尘，客厅则摆放着两架大大的钢琴。父母和他挤在一个小房间里面，刚开始郎朗对于父母这种强迫的训练并不是很接受，因为七岁的郎朗每一天都必须完成六个小时以上的练习。他早晨提前一个小时起床，上学前多练一个小时的钢琴；放学以后回来再练两个小时，晚饭后再练钢琴，如果是节假日，这个时间是双倍的。他几乎没有时间去玩，空余的时间都在练钢琴，练到最后郎朗自己都喜欢一头扎进练琴中了。

后来郎朗被选送到美国一家音乐学院学习的时候，他已经对钢琴热爱到无可复加的地步。学院专门为他把教室关门时间延后，其他学生一般都八点钟就下课了，他到晚上的十点钟还在练习，甚至练到超过十二点。郎朗热爱钢琴，刚开始并不是自发性的，达到后来极致的钢琴技术，决定把弹钢琴作为一生职业时，是与郎朗的父母刚开始对他的严格督促有关。在这里不去讨论关于这种管教方式是否剥夺孩子的童年的问题。如果我们选择某一项职业，并爱上这个职业，自始至终投入专注和坚持，当知识和经验突破一定的阈值时，后面一定会有回馈。

小野二郎不是刚开始热爱捏寿司，事实上他是被生活所迫而开了一家小小的料理店，从十几岁到他九十岁，有近八十年的时间他都专注在捏寿司。小野二郎的寿司店连续十二年被评为米其林"三星"，我曾经托东京的友人

第二篇 身体心智

预订他们的位置，给到的答复是订单已经排到了一年之后，即使是熟客也要提前三个月以上来预订。小野二郎一年只休息一天，连做梦都在想着如何捏寿司，他曾经也说过这样的话：一开始我并不是真的热爱，然而当我不断地沉浸其中的时候，我发现这就是我的生命之道。大师通常以艺入道，以某一种娴熟的技能来领悟人生的道理，从中悟到人生最深的那个境界，在那个最深的境界里面。

我们中国人有句老话：干一行爱一行，专一行精一行。三心二意、心猿意马，是不能把工作干好的。心浮气躁，朝三暮四，学一门丢一门，干一行弃一行，无论为学还是创业，都是最忌讳的。无论是体力劳动还是脑力劳动，人若选择一项职业，必须兢兢业业地把手头工作做到极致，才能达到别人难以企及的成就。只要有很深的专注力和很大的热情，才能在事业上有所建树，才能被人们所尊重，这才是真正的成功典范。生命会呈现更高的价值，也会被别人深深地尊重，这就是生命的奥秘，也是创造力的奥秘。如果精通的最终尽头会是艺术，那就值得花一辈子来等待。

当社会上许多人沉湎于纸醉金迷和花天酒地的时候，更需要一群脚踏实地、默默无闻地工作的人，他们往往在长时间功力累积后为这个社会带来新的可能性，能够自己踩出一条新路。有些人看不懂艺术家对自己所做事情的痴迷，甚至觉得有点憨，可是他们的作品往往能够卖出天文数字的价格。这对很多人来说，是非常具有借鉴意义的，要想成功的初始条件就是管理内在注意力的能力。有效精通状态是感觉放松、好奇和临在，内在对话降低至最少，保持开放的生理状态和宽广的视角。

精通需要努力练习基本功，精通是"天道酬勤"法则的彰显，即为了达到目标，投入的时间和精力是必要的原则。大师们懂得坚持练习会带来自发性的自由，熟练才能让一个人在他需要的时候自如地发挥，从而有一种训练有素和自如的表演。顶级运动员在众人面前所呈现的竞技水平不是仅仅依靠当下的状态，更需要他过去长时间练习的沉淀，这基本上是由过去所决定的，无数次的训练才换来关键时刻的辉煌。精通才能有自由的、即兴的发挥，而基本技能的累积才可能到达精通。

精通是一种保持极佳专注力的能力，对同一件事，不同的参与程度有着截然不同的成果。这种事情并不罕见，成果并不是静静躺在某处等人，而是每一次精进就向精通迈进一步。每一次精进，多少会承受别人所没有的付出和艰辛，但正是一次次的精进让他人与我们的距离越来越远。很多年后，人们会想起自己成功的关键处，成功来自他此前恒久不变的专注力，正是因为牢牢将意识注意力放在某个地方的原因。

中心的明珠

鲁米
（1207—1273，波斯文学诗人，苏非派的神秘主义者）

中心的明珠
改变了一切
我的爱
现在没有边缘
你听过人们说，有
打开一个心通往
另一个心的窗口

但如果没有墙壁
就没有必要
安装窗子，或栓锁

（绘图：汤佳亓，5岁）

六、时间会证明一切，它从来不会骗人

注意力，是一个古老而又永恒的话题。**注意力，指人在一定时间内，比较稳定地把精力集中于某一特定的对象与活动的能力。**注意力是观察、思考、记忆、想象最基础的能力。人注意力的方向，就是意识的指向，而意识的指向就是能量的聚集点。把焦点给到某件事情上面，这件事情上面就会有相应的能量或成果；反之，不把注意力给到一件事情上面，那里就不会有能量或成果的产生。每一个新的注意力都会产生新的能量或成果。

【意之所在，能量随来】

在注意力法则的带领下,用能量去塑造出全新的生活,可以管理好注意力，活出全新的自己。意之所在，能量随来；意之所向，成果所在。科学家发现，无法集中注意力是每个人都存在的问题，人在醒着的时间里，至少有一半都贡献给走神。美国加州大学圣塔芭芭拉分校的老师们给学生做了个 45 分钟的阅读测试，让他们阅读《战争与和平》的部分片段，如果发现自己走神就按键，结果发现，学生平均走神 5.4 次。做任何一件事情都要留意注意力的流向，**人一生的能量是有限的**。对一个不会管理自己注意力的人来说，力因不聚，凡事都不能成。若是想要人生变得美好，有专注力的生活最美好，专注里有平静，专注里有细节，细节处有丰盛，丰盛处必有所创造。

梭罗的《瓦尔登湖》里面有一个故事：一个老人想制作一把巧夺天工的手杖，要是凡间里最精美的一把手杖，于是他每一天心无旁骛、专心致志，坚定而虔诚地打造这把手杖。他的同伴离开了，也有人死去了，然而他仍然每天每时每刻坚持打造手杖，哪怕不做任何事情。最后这把手杖完工的时候，所有人都为之惊叹，这真的是一把凡间最精美的手杖。可是人们却奇迹般地发现，制作手杖的老人并没有变老，而是变得更加年轻，他也没有死去，而是更好地活着。因为他忽略了时间的存在，他忽略周围嘈杂的声音，他忽略所有人的评判，只专心打造这把手杖，最后只有他活出更年轻的生命。

梭罗讲完这个故事说了一句令人深思的话：**我不在乎别人的看法，我要找到自己生命的鼓点和节奏，我要终其一生打造一个作品**。梭罗说的好像就是他自己，而这个"手杖"就是他本人的生命。喧嚣的世界，有太多的东西可以分散人们的注意力，**对出现在同一时间的许多刺激的选择，注意力集中性的表现能对干扰刺激进行有效的抑制**。注意力的集中能反哺人的意识得到一种非常难得的神经交互品质，注意力是智力的五个基本因素之一，是记忆力、观察力、想象力、思维力的准备状态，所以注意力被人们称为心灵的门户。19世纪俄国教育家乌申斯基曾精辟地指出："**注意力是我们心灵的唯一门户，意识中的一切，必然都要经过它才能进来。**"

【没有一流的心性，就没有一流的技术】

> 伟大的事业是根源于坚韧不断的工作，以全副的精神去从事，不避艰苦。
>
> ——罗素

"工匠精神"的核心就是信奉"长期主义"，不是把工作当作谋生的工具，而是树立一种对工作执着、对所做的事情和生产的产品精益求精、精雕细琢的精神。很多时候，决定创造力的不是快速变换工作和爱好，而是几十年如一日地专注做一件事情，有热情、有钻研。不是今天做这个，明天做那个，无法沉下心来把单一的事情做到极致，也就体验不到"心流"。**保持恒心、多做钻研、不断保持做精做专，本身就是最好的创造力**。中国其实有悠久的手工匠人传统，可是工匠精神在当今的中国社会已很稀缺，以至于谈到"工匠精神"，很多人第一反应是"德国制造"和"日本制造"。

我大概是四年前开始接触冲浪的，刚开始就是觉得这项运动挺酷的，可

创造力的艺术

并没有那么坚持，夏天也就每个月去冲两次。有一天，我认识了"浪友"阿达，他是个年轻却资深的咖啡师，平时也挺忙，可是冲浪的技术却突飞猛进。俱乐部老板跟我说："人家几乎每周有五天泡在海里，你一周最多才来一趟，怎么可能会有很大的突破呢？"这句话猛然点醒我。我以为自己已经够认真了，可是还没有专注到别人认为不合情理的地步。如果我们愿意投入比别人更多的时间和精力来培养技能，就意味着要比别人得到更大的成果。技能是自动且快速发生的，一流的技术与一流的心性结合在一起。不要被自己的满足掩盖了我们真正的缺乏——做事情的专注程度，在未来必然会享受时间带来的福利。大卫·戈金斯说："**总有一天你可以起飞，但还不是今天。**"**时间的复利效应就是你之前投入的付出会继续产生收益，时间越长，指数效应越大。**

"心流"，**英文"flow"**，指专注进行某行为时所表现的一种心理状态，如艺术家在创作时所表现的心理状态。通常在此状态时，我们不愿被打扰，将个人精神力完全投注在某种活动上。这是由匈牙利籍心理学家，积极心理学奠基人之一米哈里·契克森米哈赖所提出。米哈里·契克森米哈赖一直致力于幸福和创造力的研究，提出并发展了"心流"的理论。他曾担任芝加哥大学心理系主任，后任教于美国加州克莱蒙研究大学直至退休。其著作包括《心流》《发现心流》《创造力》等畅销书，对积极心理学的发展产生了重大影响。

使"心流"发生的活动具有多样性，比如体育运动、舞蹈、写作、讲课等，只要认真专注地进行任意一种活动就可以产生。"心流"产生的同时会有高度的兴奋及充实感，这就是创造力必需的状态。米哈里·契克森米哈赖提出使"心流"发生的活动有以下特征：

1. 我们倾向去从事的活动；
2. 我们会专注一致的活动；
3. 有清楚目标的活动；
4. 有立即回馈的活动；
5. 我们对这项活动有主控感；
6. 在从事活动时我们的忧虑感消失。

美国儿童教育学者汤姆斯·阿姆斯壮说：**灵感要在入迷工作的态度中悠**

闲得知，要给工作足够专注的时间。不要让注意力经常处在没有规则的涣散状态下，当人们出于浓厚的兴趣，强烈的好奇或者高度的事业心，自觉主动地进行某项研究并达到入迷的程度时，这种入迷的状态比表层的活动更为有益。对于不顾一切全身心地投入到研究中去的人而言，此时若一旦有相关信息触动，灵感很可能就会突然而至。有创造性的人往往表现出决心和专注力，当专注表现很好时，不只是感官的敏锐、只在外部更看清细节，而是在潜意识的地方更加地活跃。他们会在某件事情上工作几个小时，通常熬夜到深夜，直到对自己的工作感到满意，真正做到溢出的创造力，来自乐趣和努力的结合。**时间会证明一切，它从来不会骗人。**

按照叔本华所说：**你会痛苦，你会快乐，是因为你注意力缺乏管理**。我们并不是很擅长去管理注意力，尤其是国内短视频势如破竹，没几年就凭借社交性、时效性和丰富性等特点吸引了一大批人的注意力。短视频的内容和形式具有很强的感染力和刺激力，由于人的好奇心心理，加上潜意识喜欢回避现实，造成许许多多的人不能进行有效的自我管理，沉迷在碎片化的娱乐和知识当中。我们无法完全掌控注意力，周围环境的变换需要有敏锐的感官来观察，这需要注意力有所指向，过度关注无关紧要的事情，哪怕是刷刷手机，注意力就会转到意识的迷宫里。创造力的存在，更多需要仰仗"心流"的力量，**许多成就和突破所走的路径都显示"热爱"能够达成。**

【抽离与结合】

结合（Association）：**所谓的结合就是用于描述对事物给予完全注意的过程**。注意力的指向性和集中性的结合带来一种强烈的感受、充分的经验，处在结合状态的时候，有一种身临其境的感觉，内感官或外感官沉浸在看到、听到和感受，包括闻到和品尝到。比如：看一部精彩的电影，被故事情节深深吸引，有时候你看着看着就入戏了，会跟着主人公的命运而情绪波动。一些球迷看球赛就常常结合其中，尤其像足球和篮球这种高竞技性和刺激性的运动，心仪的球队或球星进球了，你兴奋得跳起来欢呼喝彩，也有为失球失败而砸毁电视机的球迷，这些都是结合过深的缘故。

创造力的艺术

2018年我带大儿子到足球圣地——巴塞罗那诺坎普球场看球赛，记得那场是巴塞罗那队对马德里竞技队，梅西、苏亚雷斯等球星都在场上踢球。那场比赛总共涌进6万多的球迷，主队的球迷一开场就不断在唱歌和呐喊，不知不觉我们就被带入热烈的气氛当中，比赛结束以后我的喉咙居然哑了。我上课上了这么多年，喉咙从来没有哑过。类似这种给予事物更多注意力的情景在生活中比比皆是，比如：孩子玩喜欢的玩具、恋人深情的接吻，以及坐过山车的时候尖叫等。当我们发现自己在某件事情上面难以有成果时，原因大多是注意力飘忽不定，没有足够的指向和集中，我们可尝试去把注意力集中和指向事物的深层结构，**结合的状态会有一些令人愉快且激发性的效果，切断令人抑郁和迷茫的慵懒状态**。内在的潜意识蕴藏无限的资源，想在里面拿到更多的创造力，就要用充分的体验来激发深处的肌肉，这种能力的开发有助于神经系统启动丰富资源的状态。意识对正向目标有全然的朝向，不轻易地担忧和焦虑，以正向的能力去结合到正向的事物当中。父母对孩子专注且亲密的陪伴，不把手机当成肢体的一部分，就不易忽略孩子的心态，错过孩子的某一时刻的心智成长。每个陪伴的瞬间都是极其重要的，没有很专注在孩子的身上，就看不到他转身而去失望的表情，而当父母以结合的状态陪伴时，就能减少很多心与心连接的机会。这就是现在亲子教育中一个很大的问题，**父母不是结合在孩子生命的节奏里，而是抽离在外**。教育孩子不是只关心他的学习成绩，孩子的生命中更多机会的成长多是与父母接触的品质决定的，而不是由学校和社会决定的。和孩子一起玩，一起整理旧玩具，一起运动，鼓励孩子在做事情时投入更多的专注力。尤其是父亲，要多带领家庭展开有意义的活动。另有专家指出，家庭的重要任务是不去破坏孩子的注意力，在他们成长的过程中，**努力给孩子创造一个不受干扰的环境，获得并养成专注的能力和习惯**。

抽离（Disassociation）：抽离是一种与感觉分离的能力，用于描述外部的意识，抽离不是朝向事物，而是积极地背离事物。抽离对注意力的应用正好和结合相反，它不是调动注意力集中和指向，而是牵引注意力与关注的事物尽量分开，抽离时注意力是溃散和虚弱的。它也有独特的用处，背向趋向

第二篇　身体心智

事物的意识让人们变得清醒和理性，只是在做事情当中抽离难免会削弱专注力，影响对事物更深层次的进入。

　　工匠精神的品质就在于专注当下、一丝不苟和精益求精。专注当下是意识的状态，**是注意力在时间上的坚持，在质量上的细致入微**。换言说，工匠精神与注意力的使用有密切关系，专注被视为培育工匠精神进而发展成果的重要能力。因此，抽离应被看成是对专注的一种影响，尽管在实际生活中，抽离只是被定义为意识的一种工具。每一门手艺都需要有专注精神的人，视自己的工作为涉及灵魂的东西，不慌不忙，耐心打磨，他们总是像神一样地支配着时间，仿佛在结合中得到了永生，而不是抽离和迷茫。

　　从业者对产品的工序都凝神聚力，有许多细节之处需要耐心笃定去做，可是总有一些事情让人抽离，难以做深做透，完成一些需要时间来打磨的事业。一个不可回避的现实是，在许多人的价值观中，能赚到钱始终是关键，集中在技术和细节的意识较低。同时，大家利用模仿争相恶性竞争，具有工匠精神的企业偏少，致使不少企业转向赚快钱，最终导致赖以发展的技术没有提升反而弱化，让一些本来可以成为行业佼佼者的企业失去优势，最后成为市场众多平庸中的一分子。**没有一流的心性，就没有一流的技术。**"Swiss Made"在世界腕表行业内是一种象征着品质和标准的标识，它被广泛标注在数以万计产自瑞士的表款上，代表着工艺精湛，走时精准。作为瑞士的一块金字招牌，它更代表着质量的保证。瑞士只是一个山地小国，自然资源匮乏，但瑞士人凭着精益求精的做事态度让"瑞士制造"名扬天下，他们做出的产品像军刀、钟表、精密仪器等都成为品质的保证，瑞士也因此成为全球最富有的国家之一。

　　意识可以同时多个方向投放。在分配注意力的时候，我们当然想投向正向的事物，但有时却喜欢在问题里面待得过久。假如你触碰一个烧得通红的铁块而不被灼伤，应如何做到？这取决于速度，快速触碰到就回来，手就会完好无损，若手放在烧红的铁块上面不动，手最后就会被灼伤，被烧焦都有可能。那它隐喻的是什么呢？就是在人生中要有所取舍，有的事物你要学会去结合，有的事你要懂得快速抽离，这也是智慧和能力。尤其不要让那些过去负面的事件和邪恶的意念牢牢缠着注意力,总是让我们在沉浸其中,无尽地悲伤与堕落。掌握抽离和结合的互动与平衡不单单是掌控注意力的能力,同时也是一种生命之道,知道什么时候该放手,什么时候该前进。

人类以五个感官用来获取和储存经验,通过眼睛、耳朵、鼻子、嘴巴和身体的触觉来获取经验。完全沉浸在某个目标时,眼睛是看着它的,耳朵是在听着它的声音,身体感觉着这种感觉,从内感官到外感官。一旦感官连接目标,就会导引我们的注意力。看到、听到和感受到本身就是一种注意力,本身就是一种结合,脱离某个画面等于切换注意力。重新调整感官动向,鼓励人们多把感官放在自己喜欢和正向的事物上面,并从中发现乐趣与成就感。

结合练习:做一两个深呼吸,试图让自己更加放松。这时候我让你想一件发生在你身上的快乐事件,最好是近段时间,把画面像放电影一样呈现在大脑里,把眼睛交给画面,把耳朵交给声音,然后让自己跨入画面,留意自己的表情、留意自己的动作、留意自己的情绪,甚至更加夸张一点,把情绪和肢体有更多地呈现,身临其境去感受看到这个画面时的美好感觉……90分的情绪和肢体是什么样子?100分呢?让身心更好地结合在里面,这时候我们深呼吸,深深地吸、慢慢地呼,将画面、声音和感觉深深地吸收到身体的细胞当中,吸进我们的内在,让潜意识默默去运作。在里面停留久一点,然后慢慢睁开眼睛,有没有感觉到生命是万般的美好?

抽离练习:稍微抖动一下身体,闭上眼睛进入内感官,要求你想一件中度以下的不愉快事件,只是稍微回忆一下,是怎样的事件、有怎样的画面?当时你的情绪是什么样子的?有哪些人在场?周边环境怎样?看到和听到什么?当时是什么样的情绪?当你感受到的时候,请你睁开眼睛,身体抖动一下,向后退几步,看着刚才站在那里的"他",如果作为一个旁观者你会给"他"什么样的建议?或许你可以跟"他"说:你负责情绪,我负责找方法,永远有3个以上的解决方法。这时候你留意情绪的张度,是不是像一个气球在慢慢地泄气。抽离可以让我们看得更清,结合可以让我们做得更好。管理注意力其实很简单,多朝向美好的事物并积极结合进去;努力从那些给我们带来负能量的事件中抽离出来，专注到某一个正向的事件当中。NLP "重定焦点"即重新定义看事物的焦点。把焦点放在想要的效果上，而不是问题上；把焦点放在已经拥有的，而不是失去的；把焦点放在未来的，而不是过去的。当焦点改变，你会发现看到的世界完全不一样。

不该赌上一切跟你走

——陈育林

怎忍心让我在风中飘离
变成衣衫褴褛的流浪者
无处安身,行孤影单
若是无法承接这份力量
为何还要有画面的想象
你不能用虚伪的真诚打动我
跑来做你的灵魂
最后成为肉体的傀儡

你可知道
我最怕人们说这句话
有些人活着已经死了
有些人死了却活着
这种感觉让子弹穿过
我恨不得轰然倒地

既然配不上我这个灵魂
为何发出深情的邀请
请你再一次看着我的模样
当成彼此最坏的婚约
我深深地后悔
不该赌上一切跟你走

(绘画:徐灵瑄,11岁)

第二篇 身体心智

七、身体锁住，梦就做不了了

外在的挑战是一种日常现象，存在于每天的工作与生活中。感到无计可施的时候，就是过往的经验已经不足以支撑我们达成目标，此时，需要向创造性的潜意识打开，那里有无穷的智慧。如果头脑真的想不到办法了，就让潜意识来给出答案。目前我在教授的艾瑞克森催眠课程，是在吉利根博士"生生不息的催眠"的基础上设计的，课程主张每个人多跟潜意识沟通，与自己建立好的连接，成为自己的催眠治疗师。在人生中，**时刻保持放松、警觉、弹性、抱持和有创意性地整合事物。**

17岁那年，艾瑞克森得了严重的小儿麻痹症，发病时的症状比其他人来得更猛烈一些，全身几乎失去知觉无法动弹，只有眼珠可以转动。他妈妈非常伤心和害怕，赶紧叫了就近医院的一位医生过来。医生检查艾瑞克森的身体后马上给出鉴定："夫人，不好意思，你的孩子可能不行了。"艾瑞克森的妈妈马上向大医院求救，又来了两位专科医生。两位医生认真对艾瑞克森的病情进行诊断，最后他们经过认真讨论并形成断言："这个孩子活不过今天晚上！"艾瑞克森的家人都非常伤心，艾瑞克森在床上听到了医生跟他妈妈说的话，虽然他身体没办法动弹，可是他的意识有这样的一个声音："这个太残酷了吧，怎么可以跟我心爱的妈妈说这样的话！"他决定不接受医生的预言，虽然他当时不懂催眠，在内心却有个坚定的信念：我一定要活过今天晚上，不能让医生的话应验！

第二天天亮的时候，艾瑞克森的眼睛依然闪烁着光芒。妈妈开心又惊讶，赶紧把医生们又召集了过来，医生也感到非常惊讶，因为他们认为在医学上这是解释不通的，最后医生检查了艾瑞克森的身体，他们再次做了断言："你

133

的儿子即使活了过来,可是他这一生将永远永远无法站立起来!""这太残酷了吧,你们怎么可以跟我妈妈这样说话呢?我一定要站立起来!"艾瑞克森在内心又坚定地催眠自己。

19岁那一年,也就是过了两年,艾瑞克森一个人驾了个皮划艇畅快淋漓地游了密西西比河,还一个人在外面露营。生命中这场差点要了艾瑞克森的大病,正好成就出世界上最伟大的催眠师。因为身体无法自如地动弹,艾瑞克森转去寻找潜意识的帮助,他向潜意识发问:"我有一个想站起来的目标,你来指引我该怎么做?"潜意识渐渐浮现出两个清晰的画面:一个是他和表兄弟打棒球的画面,他想象着自己如何一遍一遍地接球和击球;另一个是他小时候摘苹果的场景,这个场景非常真实生动,艾瑞克森可以看到自己的小手慢慢地伸向苹果,于是他在潜意识里一遍又一遍地想象每一个动作,想象挥动手和触摸苹果的感觉……

艾瑞克森有时一天会在潜意识重复想象那两个画面动作十几个小时,直到身体大汗淋漓。一段时间以后,双手开始恢复了一点行动能力,他就继续不断地在潜意识重复着正向的画面,不断地锻炼自己,两年之后他居然奇迹般站了起来。艾瑞克森总是试着和潜意识对话,将潜意识作为他主导的意识方向,他意识到在人的内在蕴藏着巨大的宝藏和潜能。他开始明白何为暗示以及如何让潜意识工作,如何通过潜意识的力量来让生命发生正向的转变,这个就是艾瑞克森催眠的由来,从此他致力于开拓与潜意识进行连接的方法,形成将意识表层结构导向深层结构的心理疗法。

【弦绷得太紧容易断】

艾瑞克森自己找到一条连接意识与潜意识的路,也指明了从身体当中挖掘灵感的方向。当我们还是孩童的时候,身体肌肉处在平衡和放松的状态,随着成长,在各种思想或情绪的影响下,肌肉会开始发生形状的变化,**紧绷会悄悄地缠上你的身体,挥之不去**。没有肌肉的紧绷,放松时能够更轻松地进入无意识的状态,让它参与我们的想象。可是身体的不放松,**会先引起意识和潜意识的失衡,再导致头脑在做出决策时常常显得紊乱**,造成生活的困苦始终无法消除。

20世纪80年代，一些科学家曾做过一项实验，把三只刺猬分别放置于压力环境中（摇晃笼子），一只常常被工作人员摇晃笼子，一只长时间才被摇一下，一只偶尔会被摇晃一下。结果发现，经常受刺激的刺猬的寿命将会缩短。**如果刺激是可控的，身体会更加平衡和健康，这就说明压力可促使身体恶化**。生活就是一门艺术，有时需要高歌猛进，有时需要我们放松放下。**弦绷得太紧容易断，身体绷得太紧也容易出现一些负面的状况。人生不是一场竞赛，如果一定要比他人过得更好，那也是一场马拉松比赛，有张有弛的人才能笑到最后**。有时不要活得太累，别把身体绷得太紧，学习如何放松身心，懂得卸下压力。活出真正会放松的自己，通常需要某种类似孩子心无旁骛、快快乐乐玩耍的样子。

催眠的课堂上我经常会说这样一句话，包括在心理学和医学界，经常有这样的说法，创造力和智慧来自放松，来自身体的放松。以你可以感受到的现实生活为背景，为什么无法取得更多的突破，可能就是因为身体一直是被锁住的，这样，创造力它就不会出来。或许你会认为这个有点晦涩难懂。当大脑处在压力、身体处于紧绷状态的时候，人们希望去寻找一些创造力，这时你就会发现自己完全被问题所困扰，感觉思想要活动的时候会被压住，还会产生很多代偿的动作。时间久了，可能还会产生身体病痛的问题。

随着身体绷紧的时间越来越长，逐渐导致思想变得虚弱无力。看看那些艺术家，他们不会出现身体僵硬及沉重费力的状况。我看过一期《十三邀》的节目访谈，许知远和画家何多苓的对话，何多苓认为**"松弛是一门技术"**。何多苓谈到著名钢琴家傅聪在书中讲起过郎朗的手像没有骨头一样，钢琴家的手要是硬的，什么都干不成，钢琴家一辈子都在追求松弛。这就是我们在生活中要去寻找和深化的部分，生活已经足够难了，不要难上加难，我重复说一下，**外在已经有足够多的挑战了，干吗还要给自己的身上添加那么多的压力呢！**

感觉神经肌肉紧绷的时候，首先要做的不是马上地去寻找灵感或做事情，而是正确地判断身体到底需不需要进行放松调整。**通常，感觉紧绷的地**

方就是问题的根源。关于上面所说的理念，相信许多人都知道，但养成肌肉不紧绷的状态确实不是一件说到就能做到的事情，切实执行的话需要在生活中深入去体验，但只要你一直不懈地"叩门"，真正的放松之门也会为你打开。

【一支舞都没跳过，就不算绽放过】

舞蹈是开启身体奥秘的钥匙，在远古时期，当人们庆祝的时候通常会以舞蹈的形式来表达，在人类的基因里有祖先遗传下来的肌肉信息，我们可以透过舞蹈，用一种活化和激发身体深层信息的方式来打开内在的秘密。**舞蹈起到更接近身体深层结构的作用，舞蹈是打开身体里智慧的钥匙。**舞蹈很大程度上改变身体形态，会让身心逐渐醒来，潜意识变得更加活跃，整个人看上去会变得自由且活力。

舞蹈特别能传递生命的感觉，舞蹈链接着身体每一个瞬间，身体的每一个塑造和打开，任由思想像萤火虫一样的纷飞。快乐的舞蹈，肢体舞动，轻松的心态，是世界上最美好的事情之一。现代舞之母邓肯说："**我爱极了这种感觉，身体的自由，幸福的舞蹈不是解放身体，舞蹈是解放灵魂，它总在探索、整合、寻找、期待。**"身体包括生命的全部，身体的自由孕育思想的自由，身体的绽放昭示着思想的绽放。**如果一个人一生都没跳过一支舞，那么他就不算绽放过。**

【舞蹈会让我们找到成为自己的路】

我在读神经语言程序学（NLP）高级班的时候开始学现代舞，当时美国老师苏茜喜欢在课前带领大家跳舞，对在部队里待了整整16年的我是一个不小的触动，人家老太太都这么绽放，我们却死气沉沉。背后同学们会称她为美国老太太，实际上我感觉她比我们还年轻、还活跃。回到我居住的城市后，我马上报名舞蹈课，当身体开始扭动和打开的时候，我发现身心逐渐在扩展"地图"，身体也变得柔软，意识变得开放而不是设防，思想会更自由欢畅，而不是僵硬古板。真正进入舞蹈的状态，舞蹈的时候思想会涌动，想象力会在瞬间飘然而至。舞蹈不会像我们平时会对思想抑制，渗入许多人为担心的元素，舞蹈更多的是生命纯粹的表达。**舞蹈属于感性知觉，舞蹈以韵律和肢体之美触动身体的深层结构**，舞动起来，就是在寻找那些已经为人们遗忘很久的爱、幸福和憧憬。

一个人要真正活出来，是真的会脱一层皮的。这里的意思是凭一己之力在人生中拨云见日，是非常非常困难的。我们要从父母和社会灌输的信念和价值观中走出来，这里面难免会有许多落后的认知。自己内化成一套自适应的信念系统，通过努力逆袭成功，最后过上自由的生活，是很大很大的幸运。而我认为，舞蹈会让我们找到成为自己的路。

【每天给自己 40 分钟的时间】

潜意识是打开创造力的源泉，显意识在压力的笼罩下容易走进死胡同，潜意识则更像为负重的我们加上一双翅膀。现在的人似乎喜欢为所有人挪出时间，却从来没有好好把时间给自己。你要是骑过马，就知道骑手就像是你的意识，马就是你的潜意识，想去某个地方，马所启动的速度和意愿并不与骑手匹配。潜意识跟意识的节奏和方向有很多的不同，**人类在探索潜意识得到的挫败或许就是我们认为可以控制潜意识，最后发现是潜意识控制着我们**。不需要用太大的力来控制潜意识的力量，当人停止了作为，处于一种放松的状态，没有紧张、没有控制，让灵感来的时候都带着一份自然。

许多人以为自己在放松，其实根本没在放松，真正的放松不是在头脑层面，而在身体的深层结构里，**如果你身体真的放松，你就会忘记身体**。我研习 NLP 和催眠这么多年，非常幸运能在这两门学问当中来回地移动。NLP 大部分是发展智性的能力，更多的是在意识层面做工，即使它也有不少的链接潜意识的技术；催眠让人看到心智不是单一的，头脑心智包含在一个更大的心智空间里面，两者的联通就如让人们从地球进入宇宙。

前面说到吉利根老师有一只黄金"上师"，有一次他坐在客厅的沙发往外看，"上师"在门口撑起两条前腿，邻居家的鸡在叫时，它就警觉地把头迅速转过去，接着有辆车驶过去，它又马上警觉地把头转过去。吉利根发现

创造力的艺术

狗狗不一会儿开始做深呼吸，把前腿放下把头枕在两腿上面，闭上双眼开始进入一种"类催眠"状态。吉利根说人类没有狗狗那样懂得放松的意识和肌肉，经常处在关注这个、担忧那个的紧张状态，外面任何的风吹草动都很容易引起我们的注意。去到一个地方，首先打量一下周围的人，哪个人看我，哪个人没有看我，他是不是不重视我，他是不是对我有意见……有很多来自大脑意识地图的判断，如果一生当中都是这样的，那么我们差不多快完蛋了。几种常见的进入"类催眠"的方法有：祈祷、冥想、静心等。

永远要懂得爱自己，这是最应该有的欲望，**成为自己真正的朋友，更多倾听自己的声音**，找到自己真心想要追寻的事物。我们要去跨越人生许多的障碍，征服那些不可超越的困难、恐惧和痛苦。当我们要鼓励别人时，首先要有一个有力量的自己。作为生命的学习者，可以耐心学习，但不要不成长。在变与不变中，时刻散发着迷人的优雅的气息，生活的标准不高，却有稳定的状态。与其进入别人的世界，不如寻找自己的人生节奏。世间纷纷扰扰，难免会被各种事情干扰，比如：工作、拜访和手机信息等，但再忙再累，每天一定要拿出一点时间给自己，至少有40分钟让自己的心神完全放松，**让自己处于"关机模式"**。

人若被繁忙的生活覆盖了，靠不断工作支撑的时候，没有自己的时间，就丢失了真实的自我，像个机械一样执行着流程，身会累、心会空。其实真正的放松和快乐，并不是只有金钱能够带来，即使在不完美的日子里，快乐也完全可以简单地得到，不要被压力安上枷锁。我们可以去做许多属于自己生命时间的事情，不需要再去照顾别人，只要好好地来对待自己，累了歇一歇，痛了抚一抚。比如：去公园里面跑步，在书房看一本书，去做一个SPA等。据媒体披露，亚马逊创始人贝佐斯每周都会预留出两天时间来畅想生活，寻找新的创意。有时，他只是散散步，或者是沉浸在自己的世界里。

毕淑敏在《愿你与这世界温暖相拥》中写过一句话：**等着别人来爱你，不如自己努力爱自己**。每个人都有内在的声音，通过和自己在一起，对正在做的事情进行梳理，无论好还是坏。关注自己并减少外望的目光，因为如果我们总是试图充当英雄，思考为他人做得更多，不把自己放在重要的位置，

第二篇　身体心智

时时刻刻都在为着别人，各种责任会像包袱一般让我们的生命变得沉重。拥有稳定的自我是激活创造力的关键，当习惯依赖外在的认同而不是做自己，怎么会有灵活度。分辨大脑里此起彼落的嘈杂声，最省力的方法就是自我关怀，包括身体、情绪和关系。

八、身体就是灵魂的模样

2020年3月9日,扎克伯格以5900亿元人民币财富名列"2020胡润全球少壮派白手起家富豪榜"第一位。扎克伯格30多岁,Facebook(脸书)已经成为全球最大的社交网站。Facebook后更名为"Meta",Meta公司的图标是一个有限又无限的符号,就是一个莫比乌斯环或者克莱因瓶,这个符号在数学上代表无限。扎克伯格打理这样一家全球互联网公司,必然有非常多的事情需要他来处理,但是,扎克伯格依然会抽出很多时间来锻炼身体和陪伴家人。有人说他这个人真惜命,酷爱跑步运动。扎克伯格曾收到过恐怖分子的死亡威胁,出于对跑步的热爱,他仍然在保镖的陪伴下,坚持原本设定的跑步计划。至于为什么如此热爱跑步,这位世界上最富有的年轻人认为:**跑步可以理清思绪,获得更多精力,以及找到时间思考。**

【全球最有钱的人也爱跑步】

扎克伯格在刚开始时,每次只能跑1.5至3公里,到某个周末的早上,他已经可以连续跑30公里左右,速度也提高了,而且体能还感觉良好。他认为跑步比预期获得了更多的乐趣,许多时候他会与一些朋友一起完成一些目标。扎克伯格在跑步上的坚持激励了很多人参加跑步社区。现在他们的"跑步社区"已经超过10万人,每天都可以看到各种故事,包括跑步如何帮助他们改变体型、改变生活模式,甚至是如何跑完一场他们觉得不可能完成的比赛等。

绝大多数的杰出人物都喜欢跑步或者散步。比如达尔文感觉有问题了,就会出去散步;贝多芬的灵感都是从跑步开始,有时他会走很长一段路,随身带

第二篇 身体心智

一支铅笔和一叠乐谱纸，记录音乐灵感；当有文章要写的时候，查尔斯·狄更斯就会走个十几英里，和自己完成一次精神的对话，之后再写作就感觉文思泉涌。跑步会对身体里的信息进行感知和分析，接着大脑和身体会与感官系统展开合作，通过身心的互动来接收潜意识的信息。现在公园里有许多跑步的人，你如果一直在定期跑步，很可能已经发现了这一点——跑步让人的状态更好。**科学家发现：跑步可以轻松获得快乐，也有助于减压，有能够抑制紧张情绪的作用。**

《当我谈跑步时，我谈些什么》是日本作家村上春树写的一本关于跑步的书，书中村上春树大篇幅写跑步这项运动所带来的愉悦感，他将跑步作为自己进入写作状态的最佳方式。村上春树每周跑六天，平均每天跑十公里，这样下来每周六十公里，一个月大约跑二百六十公里。村上认为他只是为了获得空白而跑步，他举了这样一个比喻：跑步时浮上脑际的思绪很像天际的云朵，形状各异，大小不同。**他发现心灵最接近空白的时刻，总有一些创造力的思绪会涌出来。**跑步成了村上人生中自动的习惯，也是他不断在写作中获取灵感的主要方式，"**我写小说的许多方法，是每天清晨沿着跑道跑步时学到的**"。村上不单单是把跑步作为有益的体育运动，他还把它当成一种有效的隐喻，通过每日的跑步，建立更加强大的内部信念来不断超越自己。

我对跑步也很喜欢，**跑步是最便宜的正向状态**，有更多的机会倾听内在的声音，能够找到自己真正想要追寻的东西。前面讲过我喜欢到公司附近的公园里跑步，这里有湖又有小岛，各种树木扎根生长，来这里跑步绝对是一种享受。我喜欢一个人静静地走着或跑着，想快就快，想慢就慢，每次时间大概是 45 分钟。原本工作的状态借由一次运动，让头脑心智和身体心智完美结合在一起，而新的 idea 总在内在空间内升起，能够感觉到大脑里有不同的思路涌现。我发现一个月的跑步或散步下来，通常会有六七个新 idea 出来，这些 idea 有时会让我感到惊讶，因为它完全出乎我原本的经验框架，可是这些 idea 却总在关键时刻帮助到我，帮助到生活的方方面面。

科学研究表明那些天才们的选择是对的：跑步或散步可以保持良好的身心状态，增加创造力。为期 12 年的研究表明，65 岁以上老年人每天散步 15

分钟降低了 22% 的死亡率。一个人若是在网络游戏上花太长的时间，在虚构的世界里待太久了就很难走出来，对身体、情绪和精神都会产生负面作用。持续缺少生命外部的活动，不仅没有创造任何价值，甚至让整个人生逐渐变得不够健康。

当生活水平不断地提高，人就更有意识去追求物质之上的健康，跑步这种简单且能享受快乐和提高身体免疫力的运动方式便成了首选。把腿迈开不单是改善身心健康，用跑步可以调整思想和情绪的状态，身心互动释放更多的多巴胺和肾上腺素。多巴胺是属于一种神经传导物质，适当运动过后能够释放一定量的多巴胺，加快心率、收缩血管，使交感神经处于兴奋状态，让人产生愉快的感觉和积极向上乐观的情绪。跑步是一件非常简单容易的正向运动，能帮助我们发展出扩展性、高位性的身体姿势，跑步除了给我们带来更多力量外，还能及时缓解压力过大的紧张情绪，预防抑郁症、焦虑症或者神经衰弱等问题。综上所述，来跑步就对了，一次跑步就能让人获得身心健康的提升，**通过跑步能帮我们拿回身体的掌控权。**

【少年强则中国强】

身体不能仅是灵魂的载体，身体和灵魂是生命的两面。《世说新语》中有这样一个故事：曹操要召见匈奴的使者，他觉得自己个头矮，长得不帅，在匈奴使者面前没面子，就让手下的一个将军崔季珪假装自己。崔季珪"声姿高畅，眉目疏朗，须长四尺，甚有威重"。他自己呢？也不闲着，便假装带刀侍卫，在旁边站着。等会见完毕，曹操让人跟匈奴使者打听，你觉得魏王怎么样啊？那个使者说："魏王雅望非常，然身边的带刀人，此乃英雄也。"这说明曹操身上有一种特别的气质，即使是侍卫装扮，也掩盖不住光华。

身体是可见的灵魂，灵魂是不可见的身体。身体和灵魂紧密地联系在一起，身体把最美好的力量给最美丽的灵魂。给予身体更多的爱，这种外在的爱，将与内在灵魂的光芒交相辉映，身体则产生蓬勃的动力，一种源源不绝的力量，像火炬引领身体不断地向前。想要确定身体和灵魂一起长大，有力量与干净，最简单的方法，就是让它们锻炼和修养。身体意味着更加的健美，灵魂意味着

第二篇　身体心智

更加的纯净，它们会自由的交流，意味着身体对灵魂要负起责任，**但愿身体可以给灵魂一个好的"家"**，被人们美美地阅读，也能安放一个有趣的灵魂。

身体和灵魂容易像爱情一样，虽激情四射但也总有消退的一天，没有身体和灵魂，生命到底还有什么可以为我们所留念。我幸运地爱上了冲浪，抛开冲浪对快乐和塑形的作用，我更喜欢它对内在意识的塑造。我主动加了冲浪俱乐部几位小伙子的微信，这些年轻人大约30岁左右，能把自己的工作做好，还依然保持对极限运动的热爱。推动自己靠近年轻人的世界，就是想尽力保持好身体和灵魂，身体勇于锻炼，思想敢于冒险挑战，心灵敬畏大自然。

梁启超，中国近代思想家、政治家、教育家、史学家、文学家，"戊戌变法"领袖之一、中国近代维新派代表人物。幼年时从师学习，8岁学为文，9岁能缀千言，17岁中举，后从师于康有为，成为资产阶级改良派的宣传家。1898年，"戊戌变法"失败，梁启超与康有为一起逃往日本。时隔两年，中国爆发义和团运动，本就腐败不堪的清政府在风雨中飘摇欲坠，在国家危难之际，爱国情深的梁启超写下了经典名篇《少年中国说》。他在书中写道"少年强则中国强"，强调爱国要表现在身体体格和思想灵魂，以此来唤醒中国年轻一代奋发图强。

走向成功的道路上，需要有一个健康的身体。奔波忙碌的人，对人生有很多的想法，有各种各样的追求，突然有一天身体出现问题的时候，就剩下一种想法：我什么也不想要，只要一个好的身体。父母别再把眼睛盯在孩子的成绩单上，真正有远见的父母，拼的是眼界。追求成绩不仅蒙住了父母的眼睛，最终也害了孩子的身体。即使没让孩子们爱上运动，至少可以为他们锻造一副稍显健康和强壮的身体。干瘪的身材会影响人格，无法在自我展示上发挥积极的作用。他们说世上有两种孩子：一种喜欢运动，一种还不知道自己喜欢运动。**身体也是孩子人格力量的作用器，追求人格与体格双重完善，**才是父母真正需要关心的重点。

143

说更多的"爱"字

——陈育林

最打动人心的是爱
智慧所凝结的是爱
爱让人获得勇气
爱让人生生不息
爱让我们接纳
爱让我们觉醒
爱是最震撼的杰作
爱是安全的诺亚方舟
爱是最耀眼的光芒
爱是永不坠落的太阳
爱是人间最美妙的情感
"爱"是最快到达心灵的字

多说一些"爱"字,在有生之年
在懂爱与不懂爱的时候
在年轻与年老的时候
在希望与失望的时刻
在快乐与痛苦的时刻……
跟造物主、跟父母、跟爱人、跟孩子多说爱
对自己、对朋友,甚至敌人
对一切相关的事物
都毫不迟疑地说爱
因为一生的成果
最后都是你说了多少个"爱"决定的

(图为中美 NLP 吉祥物——卓越鹰)

第二篇　身体心智

九、发展"内在游戏"

催眠是一种连接方式，将你灵魂中最好的部分带到这个世界上。

——斯蒂芬·吉利根

一个人当下感很强的时候，就会牢牢占据着自己的身体，愉悦地把控生活的节奏，身体在此时此刻，会带出一种比平时更强的觉察力，比较清醒环境发生了什么，同时有一种免疫力，压力和情绪就很难侵入。有时注意力难免会被导向某一个事物，或者某一个互动，只要身心处在一种很稳定的状态，这种深深扎根在身体里面的感觉，能确保压力和情绪可以为我们所掌控，并在很大程度上可以"变废为宝"。

当我们说某人活在头脑里或者跟身体切断联系的时候，就意味着他无法接触到绝佳且合一的身心状态，意味着注意力已经被别人带走了、被外在事物带走了。这通常会伴随特定的身体和情绪的表现，比如浅而快速的呼吸、神情慌张、比较接近焦虑感或分心感和失去专注感，身体变成崩溃的状态。想要再次回到正向状态的时候，情绪就变得难以正向起来，因为神经系统需要越来越多的练习，**痛苦是要练习很久的，快乐也是要练习很久的。**

事情总是在变化，但是不一定在前进。我们都会面临很多的侵袭，今天可能是健康的问题，明天可能是财务的问题，后天可能是关系的问题，或者对未来感到不确定性的恐惧等。这些都可能让人处在无助挣扎的境地，难免陷入愤怒、悲伤和恐惧等一些不佳的状态，当这些发生的时候，如果无法保持身心平衡的能力，久而久之就会崩溃。崩溃是神经肌肉反抗、逃跑、冻结和封闭不断产生的后果，造成身体紧缩不放松，进而影响身体产生不良的反应，

创造力的艺术

比如慢性紧张。大脑会分析过度，对外界的回应产生偏差，不单身心有分离感，与他人和系统失去连接，还会造成在内在经常发生冲突，很多的焦虑、仇恨，甚至想去伤害别人。有时也会升起伤害自己的念头，如果没有抱持正念，突然间爆发出来都有可能。内在的问题比外界的问题更大，身心状态的好坏将决定问题变得更好或者变得更糟。理解我说的这个部分吗？再多情地说一遍，**身心状态好或者不好，将决定外在事情的好或者不好**，并不是外在事情的好或不好，决定内在的好或不好。最根本的还是从自己的身心状态出发，为了适应变化和挑战，必须培养一些品质，比如说灵活性、稳定性、平衡性和连接性，这些都是为了做好内在的整合。

身体拥有平衡的能力，创造性或是破坏性取决于是"教练状态"还是"崩溃状态"。身心处于"崩溃状态"，不断产生各种问题；身心处在"教练状态"，在生生不息中发现解决方案。我们的目标就是将"崩溃状态"切换到"教练状态"，离开那些虚无的未来和悔恨的过去，接触到一个更加宽广、充满资源的场域，不是无休止地消耗能量。没有自我稳定内在的能力，就像一艘船在大海之中，风浪过来很容易倾覆。发展内在能力不是去关注别人，生活永远是自己的，别人不过是茫茫人海当中的过客，不必多虑别人的评价，不必在意别人的眼光，人要过好这一生，就要懂得如何取悦自己，因为内在才是真正的风景，就像去一个地方旅行，当身心有很多的焦虑和压力，即使外界的风景再美，再用力也没办法生长出快乐。真正的快乐，真正的力量，就扎根在自己的内在。

当内在能够以一种卓越方式运作的时候就是身心最具有竞争力的时候。在当今充满竞争和变化的世界中要获得成功，最大的共识就是发展"内在游戏"，对于想获得成功和快乐的任何一个人而言都是至关重要的。**"内在游戏"是指你在做事情时的内部的精神和情绪，在精神上和情绪上做好准备是内在游戏的精髓。**这个概念是由添·高威于1975年提出，用来帮助人们在各种运动、音乐、商业等领域中获得成功。对自身没有太多限制的人来说，外在的世界就是一个丰富多彩的世界，想要感触到这个美丽的世界，就是要去创建更好的内在能力。当外在与内在之间产生美好的碰撞，就迈出与美好世界同步的步伐，在每一天的开始，在每一天的结束，能够清晰地感恩人世间就是美好而温暖的天堂。根据罗伯特·迪尔茨的说法，良好的"内在游戏"状态的指标有：

- 一种信心感、没有焦虑与自我怀疑的状态；
- 没有对失败的恐惧，也没有对达成目标的自我意识；
- 关注点在优美和卓越的表现；
- 一种"谦卑的"权威感——自信而不自大；
- 没有刻意的努力，也无需多想，表现自然地呈现。

身心内在不应是一个混乱无序的状态，而应是一个充满人性化、有温度的，且向外在世界敞开的"家"。内在若发生"战争"，就会陷入身体和心灵彼此消耗的过程，而且它会越来越严重，这样的局面对实现外在的目标就会比较难，也给生活带来全局性的负面影响。**内在力量的重塑正在成为不可或缺的行动，然而短期内把内在建设好不可能一步见效**，需要长时间的身心连接的练习，才能有可能改变目前的局面，否则就是消耗性僵持，制造的风险将导致身心更加失控和混乱。为拥有一个美好的"内在游戏"，我们可以更好地去做一些什么呢？

【增强中心】

1. 连接一个正向的经验，想起该经验的身心状态，把注意力放在丹田的位置。练习两个基本方法：扎根和流动。扎根时将中正点锚定在丹田，让身躯变得坚固，像一块岩石站立在土地上，稳固并稳定。当流动时，感觉内在像水一样流淌。

2. 找到其他两个你曾经经历过强烈而清晰的中正体验，重温当时的经历，将自己结合在该体验中，感到自然的和自发的中正，重复上面的过程，加强中正状态的所有核心要素。更加主动地到中正状态，就是将能量下移并感觉身体和大地连接。

3. 找到一个难以保持中正并缺乏资源状态的事件或情景，并开始培养内在的中正状态，使自己集中精神保持中正，保持管理内在状态的能力。去感知内在状态是怎样的品质，身体的哪个部位让你感觉到自己的中正。

4. 找到另外两个难以保持中正并缺乏资源状态的事件或情景，像上面一样保持中正点的方法，进入放松和中正的内在状态，要感觉到脚很稳地站在地面上。

5. 当你感到越来越中正并能保持这种状态时，找到所有这些经验的共同之处，尤其是身体的姿势、意识的品质和内在感官的要素（看到、听到和感受到什么）。

6. 当你准备好，保持身体和精神集中，扎根并流动，腹部均衡地呼吸，再次与身体的中正点部分连接。

罗曼·罗兰说："**世上只有一种英雄主义，就是在认清生活真相之后依然热爱生活。**"关于这句话，我也是有一天突然意识到的，通过审慎的辨析后更有了冷静而踏实的意志。我们做出一些决定，常常没意识到这个决定有可能会是一生当中最重要的决定，若是身心正好处于不是正向和中正的状态，决定很可能会是错误的，起码不是最佳的决定。高水平的运动员除了有能力做出高难度的动作之外，他们还有一个非常重要的品质，那就是稳定性，在千亿双眼睛的注视下，仍然能做出一些高竞技水平的动作，这是他们身体长期练习的结果。所以，即使外在的环境是存在影响的，高水平的运动员依然可以稳定地发挥出平时的训练水准，**那是因为肌肉的记忆带出无意识的能力。**

当挑战来临的时候，能力不足但正面地迎击比较好呢，还是挑战还没到来的时候，早已有稳定的能力在我们的身体里面比较好呢？挑战已经来到跟前再进行练习的人，显然比不过挑战来临之前身体已经做了很多练习的人。这就像一个常年练武之人对决一个刚刚想练武之人，胜负已经揭晓。这是很值得思考的点，**在挑战之前，神经肌肉做了足够多的准备，而不是在仓促中去迎战。**

把身心俱佳的状态叫"教练状态"，有两个重要原因，一是这种状态它具有专业教练的品质，专业教练是指训练别人掌握某种知识和技术的人，旨在帮助被训练者成为生活和事业上的赢家。商业咨询中专业教练讲得最多的就是在和客户互动关系中保持中正的角度，有一种不偏不倚的支持力在那里。

二是"教练状态"的英文是"Coach"，由5个英文字母组成ＣＯＡＣＨ，这5个英文字母分别代表教练状态需要的五个品质：

Center：把注意力放在身体的中心，与中正的意识保持连接。

Open：保持身心的开放和流动，意识流有接纳他人、接纳一切的意识品质。

Aware：保持感官的敏锐和觉察，观察外在和内在的动态。

Connect：与自己、他人和场域连接，保持正向经验。

Hold：更高的理解层次，有抱持一切的胸怀和格局。

下面跟着我一起体验和练习"教练状态"，首先找一个空间，并确保环境中没有太多干扰的因素。

第一步 Center 中正：口语是我是中正的；在意识上不评判、不论断，没有太多个人经验的介入，不偏不倚；身体模型双手平举在身体的中轴，膝盖微弯，将注意力放在丹田的位置，脚深深地扎根于地上。

第二步 Open 开放：口语是我是开放的，我是敞开的；在意识层面要向一切敞开，欢迎一切的到来，我有这种安全感，我有这种接纳度，我对所有的一切都敞开；身体的模式是让手臂和胸腔向四周打开，让身体尽量占据空间。

第三步 Aware 觉察：口语是我是觉察的，我是警觉的；意识层面上清晰知道感官通道的敏锐；在身体的层面，两个手指放在头部的两鬓的地方，感觉眼睛像鹰一样的敏锐，耳朵像松鼠一样警觉，留意呼吸是否通畅。

第四步 Connect 连接：口语是我与正向是连接的；在意识层面上与正向是连接的，连接高山，连接大海，连接所有正向的事物；身体的模式是掌心向上，向两边张开手臂。

第五步 Hold 抱持：口语是我能包容一切，我能抱持一切；在意识层面要发展出一种无边无际的意识，意识无限地延伸，甚至将宇宙纳入其中，有承载和抱持的力量；身体的模型是双手放置在胸前，就像在抱持地球。

以上就是"教练状态"的五个步骤，在生生不息的催眠当中，需要不断练习这样的状态，从语言到意识再到身体。漂亮的结果都是在练习中收获的，你不需要一开始就很厉害，但你需要从开始就不断地练习，才能变得厉害。

创造力的艺术

更多的身体练习带来更加稳定的身心状态，反应性症状就不会经常出现，就有能力在做重要决定的时候，做出最优化的选择。有一个真相必须要告诉大家，如果认为仅仅在这里练习一下，或者在课堂练习几遍，就意味着问题永远不会来到我们身，那你走着瞧吧！一定还会有很多的困难和障碍来到你的身上，你还会容易进入到崩溃的状态，你要做的就是一次又一次，一次又一次地回来练习。假如分心了，走神了，跟中心失去连接了，不要紧，再次回来。不要在内心责备自己：你这个傻冒，你又分神了！你又做错一个重要的决定，你没有在中心状态，你太不持久了……我说过人生已经够难了，已经有太多人说我们这里不好、那里不好，所以就不要再为难自己了，只要一次又一次地回来，回到身体的中心就好。

即使外在的世界惊险万分，都要首先确保连接到自己的中心。"泰山崩于前而色不变，麋鹿兴于左而目不瞬"，语出苏洵《权书·心术》。苏洵认为"**为将之道，当先治心**"。即使泰山在眼前崩塌，然而脸色不要变；麋鹿突然出现在跟前，但眼睛也不要眨。**指遇事镇定自若，不轻易受到外界影响，形容沉着冷静，遇事不慌不乱。**这是一个生活的智慧，许多长久的"崩溃状态"制造固化的神经系统，头脑与身体以某些特定的方式连接在一起，以限制的方式反复出现。因此"教练状态"为"崩溃状态"身心正向练习找到一个绝佳的替代方案。"教练状态"不单是头脑的理解，它是通过神经肌肉重塑的方法来改变对应的大脑神经部分，瓦解陈旧的神经系统，并建设一套新的神经系统。"教练状态"不是一次性的安慰剂，而是一个长期的练习模式，**持续练习对深层系统转化十分必要，频繁的练习是身心系统成为可持续产生创造力的根本因素。**

第二篇 身体心智

十、放松、放松、再放松

舞蹈家在表演中溢满创造力，流动的状态让身体每一个部位好像都在说话，松紧有度的力量融合在情绪的表达中，他们深谙如何转化重力和轻力的舞蹈技巧，让身体处于流动的状态，这种流动的美很让人们沉浸其中。如果我们和他人激烈地打斗，身体和意识的僵硬会让人更容易输，武术大师就可以在动与静之间、发力与卸力之间平衡，身心管道有行云流水的感觉。有些人就是这样的生活大师，无论任何环境和时间都有放松的能力，无论事情是轻还是重似乎都只是流经他，没有胆怯和紧张，这种谈笑风生的态度就如跟生活在跳一支舞。

【不知道比知道好】

吉利根刚开始跟随艾瑞克森学习的时候，他已经在加州大学圣塔克鲁兹分校跟 NLP 的两位创始人学习过 NLP，NLP 里的一个重要理念是：你可以模仿任何人。而吉利根当时能有幸在自己仰慕的老师身边学习，他整天拿着一个笔记本认真记着艾瑞克森的一言一行，试图模仿到艾瑞克森的全部。

有一天他从次感元入手问艾瑞克森："你工作时有没有很多景象？"艾瑞克森回答说："没有！""你有没有很多内在对话？""没有！""有很多身体的触觉吗？""没有！"艾瑞克森的问答让吉利根陷入了绝望，他刚开始以为老师没有为他做出积极的回应，感觉自己就像是一个航海家，走到了世界的尽头，不知道还有什么路能走。但他继续问："那你到底有什么？"艾瑞克森老师回答说："我不知道，我不知道你怎样进入催眠，我不知道你什么时候进入催眠。我只知道，我有一个潜意识，你有一个潜意识，我们在同一个房间一起相处，所以，催眠是必然的。对于即将发生的一切，我很好奇，但到底会发生什么，我什么都不知道。这听起来很荒谬，但这很有效。"吉利根听完艾瑞克森这段话更蒙圈了。

过了一段时间以后，他慢慢理解老师所说的一切。艾瑞克森非常喜欢他的学生说"我不知道"，甚至认为这是催眠的基本门槛，当不再执着头脑里的经验，**"不知道"的意识能让身体放松下来，穿越了由重重经验所组成的固化神经系统。**关于"我不知道"这个命题，其实很早就有过许多的哲学探讨。"不知道"与"知道"是两个不同的预设条件，预设自己"知道"，实际上是"旧瓶装新酒"，用旧的形式表现新的内容，意味过早下定义，并容易停止思考；预设自己"不知道"容易隐藏旧有经验，有足够的学习和探索意识，不排斥新事物、新思维。为了不错过人生中更多新的东西，"不知道"常常比"知道"好。

【悠闲才能赚大钱】

闽南语最早发源于黄河、洛水流域，为了躲避战乱，居住在这里的汉人分别在西晋、唐朝和北宋末年分三次大规模南迁至福建漳州、泉州和厦门这一带。闽南语也叫河洛语，是中国最早的语系之一。闽南语中有个词叫音"yingying"，用来形容是闲着没事，比较悠闲惬意的样子。后来发现它跟普通话的"赢赢"正好同音，我想我们的祖先其实在很早的时候就明白"闲闲"才能"赢赢"，**放松的生活即是人生赢的时刻。**

从科学家的角度来看，创造力是从大脑中已有想法之间的联系中思考原创事物的能力。这些联系由腺苷等神经递质控制，一旦人的身心能量水平过低，腺苷会警告你的大脑，并开始减缓思考和联想功能。在生活中感到疲惫，是很难进入工作状态的，即使想让自己认真地投入工作，工作的效率和成果也不会有多大，在这种情况下通常无法有效地激发创造力。这就是为什么经过紧张的工作之后，一定要懂得让身体休息好，因为大脑已经用完了"果汁"。

在一些欧美国家旅行的时候，我喜欢把视角首先放在观察他们的人文，其次才是景观，观察后给人印象最深的就是他们的生活很是悠闲。比如西班

第二篇　身体心智

牙的巴塞罗那，整个城市要到中午才醒来，中午12点竟然找不到一家开门的餐厅。那天正好是足球比赛日，绝大多数的市民上街游行，为自己的球队摇旗呐喊，其他人在咖啡店和酒吧开始举杯。许多人会认为休闲就是浪费金钱，**其实人有休闲才能赚大钱**。英国心理学会的会刊《心理学家》杂志刊登的一项新研究表明，休闲有助于激发人们的创造力。我们的生活就像宽带，是有一定的带宽，如果每天都忙于处理各种事务，就会造成信息超载；如果有更多的休闲，大脑里的腺苷等神经递质会让思想产生更多的交互作用，从而更毫无拘束地联想。胡适说过，看一个国家是否文明，只需考察三件事：一是他们如何对待小孩，二是他们如何对待女人，三是他们如何利用休闲的时间。

创造力离不开身心的放松，太注重具体的结果会导致神经肌肉倾向经验意识，放松的状态下结果反而导向潜意识层面的信息。莫扎特曾经这样形容灵感产生的过程："当我感觉良好，心情愉快时，或是饱餐后散步时，或是夜晚不能入睡时，灵感就异常活跃，成群结队似的向我走来，它们是从哪里来的呢？我一点也不知道……那时我的心灵燃烧起来，作品在成长。我越来越清楚地听到它，作品就在我的头脑里完成着。"

企业家在拼搏与生存之间，需要找到一个平衡，以健康轻松的方式，而不是以透支身体的方式来与财富接近。在中国企业家里有一个为大家所敬佩的"闲人"，他就是创立"小霸王"和"步步高"两大品牌的著名企业家段永平。2020年2月26日，他以110亿元人民币财富名列"2020胡润全球富豪榜"第1805位。传说段永平有四大弟子：OPPO的创始人陈明永，VIVO的总裁沈炜，"步步高"教育电子有限公司CEO金志江，最牛的还属他的第四个弟子，"拼多多"的创始人黄峥。20世纪90年代初，中国制造企业发展迅猛，尤其是电子产品企业，段永平30岁操盘"小霸王"学习机，两年时间让企业成为产值10亿的明星企业。段永平对财富的渴望，这让他的身体和精神受到很大的压力。有一天，段永平感到所赚的钱已经够他这一生绝对自由了，他决定以后不想再这么辛苦地去追逐财富。

2001年段永平离开中国移居美国，许多人认为他是为了爱情而退位，其实，他懂得从繁忙和复杂事务中抽离出来，这使他更加看清中国乃至全球市场的未

153

创造力的艺术

来。后来段永平摇身一变成为天使投资人，身心变得更加放松和自由，原先忙忙碌碌的他闲停下来后，反而挣到了更多的钱。因为人若是整天忙得团团转，总是沉浸于现实的繁杂之中，就难有空余时间和精力创造出更有可能性的未来。

你若经常去"闽南金三角"，就是厦门、泉州和漳州。街上最多的店铺会是什么店呢？那就是茶叶店。几乎每条街都有茶叶店，可以说在闽南只要你会喝茶，就不担心没有朋友。我认为这是闽南人最好的习惯，也是中国最好的文化之一。西方的咖啡文化在一些地方日趋发展，而在闽南这个地方谈什么你都得先喝茶。正是有喝茶的习惯，让闽南这个地方的经济富有发展力，因为喝茶促进人的休闲和交流，很多创造性的生意合作因此而产生。漳州籍文豪林语堂先生写过一本书《生活的艺术》，书里主要的观点和态度就是——悠闲，这本书受到许多美国人的喜爱。**林语堂认为生活就是一门艺术，要懂得非功利性的抒情哲学，由繁入简才是高手。**它有点像今天巴菲特说的话：如果你在睡觉时没有找到赚钱的方法，那么你将工作直到死。

放松是催眠的四大要素之一，深呼吸、放松、想象、聚焦，这是比较早期的催眠。只有在放松当中，才能真正地体验到催眠。这也让我想起了两个故事：2013年我去到台湾跟吉利根老师学习催眠，课程中间我和一位同学一起邀请老师吃了个晚餐，我到今天依然深刻记得当时的许多细节。接受吉利根老师的建议我们选择了他所住酒店附近的一家饭馆，大家边吃边聊并喝了一些小酒。酒过三巡，我想机会难得，得向大师请教一个比较重要的问题，我说："老师，如何让我们的生命更加美好？"老师脸上已经有微微的泛红，他那双深邃的眼睛看着我："Bruce，relax，relax，and relax！"放松，放松，再放松——这句话，事实上是三个同样的英文单词。一个简单的答案，却让我如获至宝，从此成为我潜意识当中最重要的单词，也深深影响和改变我的人生。

第二个故事，前面讲过艾瑞克森17岁患上严重的小儿麻痹症，后来重新站立起来主要做了两件事情。第一件是他的妈妈和护士用热毛巾不断敷他的四肢，也会给身体做一些按摩，从医学上来讲这些都是让他"复活"专业而

第二篇　身体心智

有效的方法。第二件是他完全信任潜意识，尽量让身体放松下来，寻求潜意识给予答案，最后潜意识也帮助了他。希腊医学家希波克拉底曾说："**病人的本能就是病人的医生。**"（The instinct of patient is just his doctor）人体自身具有自我疗愈的力量，学会自我的放松是至关重要的。放松需要我们在意识和肌肉两个方面都做到，意识的焦虑和肌肉的紧绷都会让精神和身体变得更糟。科学家研究发现：当人的身体处在不放松的状态，能量物质（蛋白质、脂肪）转化成热量的过程，需要氧气参与反应，这样会加剧身体的缺氧，从而加快指挥肾上腺分泌荷尔蒙以调集应急反应需要的营养物质，为了应对这样的状态，人体会出现一系列应激的反应，影响到身体休息和修复，更限制意识的扩展。据研究，许多男性阳痿就是因不够放松引起的，越期待在床上表现得神勇，越容易遭受阳痿。16世纪法国哲学家蒙田曾经以阳痿为主题写过一篇文章，他的核心论点在于：你在步入卧室的时候满心期待自己有完美表现，那么往往事与愿违。**当身处挑战性的情景中，能够做到自然和自发的放松，这时候人的状态恰恰是最好的。**

【被"闲"激发的创造力】

国人的勤奋在全世界是出了名的，据2020年调查统计：我们国家人均年工作时间超过2500个小时，欧洲才1500个小时，我国平均每周比日本和韩国多工作4小时，工作时长名副其实的世界第一。我们人均GDP 1万美元，韩国人均GDP是3.16万美元，日本是4.02万美元，分别是我们的三倍和四倍，更别说欧美国家了。为什么我们这么勤劳却不富有呢？**人家比的不是体力活而是脑力活，主要通过技术研发和艺术灵感提高产品的附加价值。**印象中可能德国人就是严谨死板的，德国人却是世界上最会享受生活的民族，别看他们做事情一丝不苟，却注重工作之余的休闲，周末不太愿意待在办公室或家里，喜欢骑单车去公园或森林里野餐，结伴旅行或开party。他们不会允许自己成为"工作狂"，不停地忙碌和工作，他们认为这样的生活会越来越枯燥无味，除了会感受到疲惫、迷茫，还找不到生活的希望。

许多国人到国外旅行喜欢买一些高档的服装，一看商标上面的产地经常

创造力的艺术

写着"Made in China"（中国制造），从我们国家便宜出口的产品贴了标回头却又高价卖给国人，大部分的利润被外国人给赚走。为什么出更多体力的人，却得到最少的收益呢？因为这些产品的灵感、品牌和技术都来自国外。像 Gucci、LV、阿玛尼、普拉达等奢侈品牌，这些奢侈品的附加值是非常高的。有人做了个统计：国家出口 8 亿件衬衫所得到利润才能换回一架空中客车 A380 飞机。现代教育学之父杜威曾说过，如果社会教育不是为有益健康的休闲提供机会，不训练寻求和发现休闲的能力，被压抑的本能便会以各种不正当的途径释放出来，有时采用公然外显的途径，有时限于想象中的放纵。杜威强调，**充分提供休闲娱乐的乐趣，是教育中最为严肃的职责**。从可能性上来说，休闲不只是为了当下的健康，更重要的是它对心灵习惯的持久影响。艺术可以一次又一次清晰地证明，休闲是符合这一要求的。

【放松是灵感的钥匙】

放松是灵感的钥匙，找回身体放松的感觉才能解开灵感的枷锁，释放压抑的创造力，从生活的俘虏变成自己的主人。放松主要分为**想象放松法**和**身体放松法**，这两种放松法都是有效的且能彼此助力。想象放松法可以让身体放松，而身体的放松也同样能让意识达到放松。

第一种想象放松法。请你闭上眼睛开始发出一种意识，一种气的心智，将身体向四周延展、延展，不断地延展……超出身体的范畴，让意识的范围不断地扩大。继续保持气的流动，想想这一生最大的正向意图是什么？将这个正向意图的画面、声音、感觉置入到气的流动之中，身心的管道保持畅通。感觉手抱着一个能量球，它的脉动跟随着我们的呼吸，能量球开始有一股放松的能量，缓慢而温柔地接近身体，从手臂开始蔓延到全身，感觉放松的能量不断地延展，进入丹田位置，渗透进细胞当中，放松能量球的核心来到身体的中心，感受正向的意图。然后进行一些简单的对话：我是美好的，我是正向的，我是放松的……并跟自己说——我爱你，说出自己的名字，后面加上"我爱你"三个字，告诉自己"我爱你"。将这样的语言和声音深深地带入身体的中心，并延展到身体的各个部位，流经身体的各个地方，链接每一

第二篇　身体心智

个细胞，在血液里面流动，在气里面流动……留意现在身体有没有感觉到一种放松和正向，这个就是我们所说的"想象放松法"，让意识和身体达到某种程度的放松。"想象放松法"是一种随时随地可以运用的放松技巧，比如生活中通常你会有怎样一个正向且放松的连接？或者说你感到放松且正向的时刻是什么时候？启动我们的内感官去想象它的具体细节，这样身心容易感到放松。

第二种身体放松法。世界著名短跑冠军博尔特，是这个星球上跑得最快的人，奔跑起来就像一只猎豹。记者曾问他一个问题："当你在快速跑向目标，脸颊的肌肉在风中拉扯的时候，心里在想些什么？"博尔特回答说："**什么都没想，我唯一要做的事情就是放松！**"不论是什么运动，肌肉都会处于紧绷状态，如果不学会放松，肌肉会变得很僵硬，缺少灵活度，还很容易产生疲劳。放松的方式很广泛，通常我会在繁重的工作之后去做一下 SPA，让神经肌肉得到一定的放松，让身心有一种卸下重量的感觉才会重新投入工作中。若是长时间的工作，要学会像博尔特那样奋力地朝向目标，同时在动态中学会调整放松。肌肉的紧绷通常是日积月累的工作习惯所养成的，我曾在野战部队服役了整整 16 年，16 年的严格要求和紧张生活使肩部和颈部变得很硬，我还发现身边很多战友的白发生长速度比同龄人要快一些，一直想做这个方面的研究和调研，只是碍于没有足够的时间。科学早就验证，身体长时间的疲劳和紧张会导致衰老加速，破坏身体的免疫力。**越早意识到休息和放松的重要性，每一件事情就能越做越好。** 平时你可以用散步、发呆、听音乐、冥想、喝咖啡等方式来让自己的身体放松，**那些灵光乍现的时刻往往来自我们身心放松时。**

【有运气才有好运气】

呼吸是生命的基础，也是使人放松下来的重要捷径。深度的、平稳的呼吸可以促进人的放松和压力释放。看了《功夫熊猫》电影的人，大多数会赞叹好莱坞如此洞察中国的传统文化。当熊猫阿宝面对强敌的时候，就想起师傅教给他如何先呼吸运气，**看似在教武术，其实也在传授人生智慧，没有运**

好气，就不会有好运气。呼吸运气的作用主要体现在三个方面：

第一是身体机能的需要。呼吸，也作"吸呼"，是指有机体与外界环境之间气体交换的过程。人的呼吸过程包括三个互相联系的环节：外呼吸，包括肺通气和肺换气；气体在血液中的运输；内呼吸，指组织细胞与血液间的气体交换与组织细胞内的氧化代谢。当口腔和鼻腔开始呼吸，空气从气管到支气管再到细支气管，再到我们的肺泡当中，血液里面会增加氧气，同时吐气会排出二氧化碳，让身体保持有效的平衡。那些呼吸困难的人们，比如像肺气肿、哮喘，是因为缺少氧气的供应，所以，没有呼吸人的身体机能就不能有效地维持。

第二呼吸带出觉察。阅读呼吸就是阅读自己，呼吸与情绪状态、头脑制约紧密相关，从我们呱呱落地的那一刻开始，呼吸就伴随着我们，直到我们离开这个世界。呼吸成为人意识绝佳的心锚，只要活着，呼吸就时刻跟着我们，如果你要去感觉自己的状态，透过留意自己的呼吸状况，可以清晰准确地捕捉到正在发生什么。人常常以追逐外在东西为焦点，但如果能懂得辨识内在的障碍，学会进入呼吸，拥抱和感受情绪，并将呼吸占为己有，觉察和喜悦的感受自然会随之显现。呼吸是我们所拥有的最重要的觉察工具之一。

第三呼吸带来放松。呼吸放松人体的情绪和紧绷，消除疲劳、舒适放松，是身体回到平静和正常的重要生命活动。不管是什么方式的催眠，都会企图通过呼吸达到身心放松。在NLP的课堂上，每个练习我们都会引导学员先做一下基本的呼吸调整，这样做是很有必要的，**它起到瓦解身体和认知的模式的作用，人无法放松身心，很难被改变立场**。通过呼吸释放掉在身心中一直携带和储藏的旧有经验，它是一个身心系统的工作。

带领大家做一个小练习：找一个空间，不需要站着，坐着也可以，留意呼吸，把精神集中在每一次的呼吸上。当吸气的时候，空气进入口腔、鼻腔，进入到身体，并在身体里面扩张，扩张到手臂、后背、脚底；吐气的时候，感觉气从口腔和鼻腔排出去，排出二氧化碳，排出紧张和压力。确保将注意力留在呼吸上面，感觉气在身体里面运作着，自然的呼吸，有觉察的呼吸……花

第二篇 身体心智

点时间回到正在做的事情，比如正在看着我的书，留意一下你会遇到哪一些对抗，或者会遇到哪一些干扰，是否会感觉到和意识到念头在对抗念头，它不断在干扰着呼吸。**意念和呼吸会互相争领地，这个领地就是我们的"Present"（当下）**，英文中的当下也是礼物的意思。为了争到"当下"这个礼物，我们要确保呼吸真的被使用到。

现代人已经拥有许多幸福的条件，可不是在紧张，就是在去紧张的路上。学会放松并释放紧张，可让我们找到问题新的解决方案并实现新的目标。人生所要到达的终极之处无非就是使身心全然地放松，焕发出具有光一样品质的意识力量，放松帮助我们觉知内在的拥有，随时随地感受喜悦与幸福。永远留意并追踪呼吸，同时将注意力放在身体的心智上，推动意识层面完成转化，从而完成大脑谋略和身体智慧的高超平衡技术。做到这一点，不管外在的世界如何变化，我们永远可以表现出优雅和信心来迎接这些挑战。**呼吸就是一把钥匙**，打开更大的空间，提升超越头脑控制的范围，净化意识流，释放掉神经系统中旧的创伤和记忆；**呼吸在生活中是一剂好药**，敏锐注意大脑里发出的习惯性声音，将内心负面对话转变成正面对话，专注在每一个丰富的当下，实现最佳自我人生样式。

谁能说你不够好

——陈育林

谁能说你不够美，
谁能说你不够好。
你与谁都不要比较，
也没有人可与你比较。

你有你的深沉，
你有你的肤浅；
你有你的快乐，
你有你的哀伤；
你有你的脚步，
你有你的灵魂。
宇宙中有你唯一的纬度，
不需要服从任何人，
怎么说怎么做都不过分。
若试图让自己不存在，
就陨落成羞耻的叛徒。
放弃自我来换未来的人，
既得不到未来，
也丢失了最好的东西。

谁能说你不够美呢！
谁能说你不够好呢！

（绘画：黄雨然，7岁）

第三篇　场域心智

一、敬畏宇宙是智慧的开端

　　遥想宇宙的浩瀚无穷与深邃永续，不单是惊叹，你的内心是否会升腾出肺腑的敬畏感，清楚地明白，永远有一股比人类更大的力量存在。宇宙广阔神秘，人类渺如尘埃怎能完全了解，**敬畏宇宙，保持谦卑，就是智慧的开端。**宇宙以微妙而精确的方式运作，让万物处在平衡的系统里，而我们的生命意义就在于和生生不息的宇宙连接与共生。在NLP"位置感知"中，站在最高点的人就是超越自己，指的是能够在一定范围内放下自身的利益，以一种服务他人的精神形式出现。格雷戈里·贝特森（1904—1980），是人类学硕士，曾在太平洋岛屿地区做过时间很长的人类学田野工作。他曾说：个体的心智是内在的，不仅仅在身体中，它也存在于身体之外的途径和讯息中，个体心智是更大心智的一个子系统。更大的心智可与宇宙相媲美，也许就是人们所说的"上帝"，它仍然存在于整个相互关联的社会系统和行星生态中。

　　人类经历了长时间的进化，人体的基本机能是相同的，不同的是后天塑造的心智模式。英国知名的经济学者E.F.舒马赫，曾与凯恩斯和J.K.加尔布雷思共事，他提出"可持续发展的先知"，心智模式决定人的一生，看待世界一切的事物，都是从整体思维的角度出发。我们用它来理解我们自己、别人、系统和世界各个层面的解释和故事。然而，我们需要与世界进行互动，除了从自己的模式中提取经验做出决策，**还要能够理解庞大的系统，也就是宇宙是如何运转的**。就像一个美满的家庭或者有竞争力的团队，人都要学会调整自己的位置，为集体的利益付出努力，不是你成功了，想做什么就可以做什么，人与世界是部分与整体的关系。世界不会围着你转，集体的心智产出要比个体心智的力量大得多，如果参与其中，视野就会越来越广，看待问题就更有深度，就更有机会探索引人入胜的故事。

【人都是文化属性的产物】

何谓"场域"（field），场域理论是关于人类行为的一种概念模式，它起源于19世纪中叶的物理学概念，后被广泛运用到社会心理学。近代主要有两个学者对其进行了比较深入的研究，场域理论都是他们的基本理论：一位是来自法国的皮埃尔·布迪厄（Pierre Bourdieu），他是一位具有世界影响的社会学大师；另一位是库尔特·考夫卡（Kurt Koffka），是美籍德裔心理学家，格式塔心理学的代表人物之一。

关于场域理论他们的观点基本相似：场域本质上是一种由个人系统内的关系和互动所产生的空间或能量的类型，场域由关系和物体之间产生，人的每一个行动均被行动发生的场域所影响。场域并非单指物理环境而言，也包括他人的行为以及与此相连的因素。场域中诸种力量构成了像磁场一样的体系，具有某种特定的引力关系，**这种力被强加在所有进入该场域的客体和行动者身上，是一个被结构化了的空间**。场域理论在社会学思想体系中占有重要的位置，场域概念不能理解为被一定边界物包围的领地，也不等同于一般的空间，而是在其中有内涵力量的、有影响力的存在。比如经常说到的"家庭场域"，孩子的成长延伸到整个家庭系统，包括已经不存在的家庭成员、房间的大小设置、周围的文化气息或者有多少充足的活动空间等，这些对孩子的性格都有影响。场域有很多，如学习场域、宗教场域、政治场域、文化场域、商业场域等。场域会影响大脑心智和身体心智，并且还难觉察到它的影响力，就像国家文化对人的影响，具有潜移默化、深远持续的作用，能够

第三篇 场域心智

在人们认识世界、改造世界的过程中转化成外在的行为和物质。就如不同的国家和文化的人有不同的走路姿势，如果我们在世界各地旅行，或许你就能留意到日本人、韩国人和中国人的身体姿势都有一些不相同。场域会造成不同的身体心智，在家庭当中也会一样，孩子身体的模型就能知道他受到多少的爱。**每个人的命运，归根结底都是文化属性的产物。**

场域心智更大的范畴是人与宇宙的关系，就是人与系统的关系。宇宙在我之中，我在宇宙之中，我们自身的生活环境，是由每个个体的认知和精神创造出来的一个产物场，是由系统中的关系和互动所产生的一种空间和能量。人的因素决定环境的因素，而环境的因素又反过来影响人的因素，**也就是我们自己所创造的东西正在限定我们**。场域影响会沉淀到细胞里，会有一种"只缘身在此山中"的感觉，比如家庭、个人社区、国家和世界等。内在有一个独立运作的子系统，也有外在更大的、环绕在我们四周的智慧。我们生活在其中，只是常常没有察觉到它有多大的影响力，从操作层面来讲，**人应该为系统的改变做出更多的行为，因为最终我们都是这个系统的受益者或受害者。**

人与系统具有双向互动性。马克思和恩格斯认为，人与环境之间具有双向互动性，其具体表现是人能够创造环境，同样环境也能够制约和影响人。人与环境的发展是同步的，作用也是同时的，从这个意义上来讲，人的本质改变是环境的本质活动。社会性是人与环境关系的中心特征，要用社会化的标准来把握人与环境的关系。我们只是小小的我，也是一个可以改变环境、改变世界的人。大多数人会觉得照顾好自己就好了，或者认为拥有出众的成就就是成功，这样离真正的成功还差一步，真正能够登顶远眺的，**都是那些破解人与环境的关系生成和发展奥秘的人**。马克思和恩格斯强调，人类"在生命活动中，在改造环境的同时也改变着自己"。人仅仅为自己是不够的，能够发挥主观能动性，环境和系统才能够改造和改变。人和环境之间也不断地进行着信息、思想和能量的交换，环境是人一切感觉和活动的空间，又是反射出人思想的源泉。生活在同一个时代，甚至不在同一个时代的人始终在一个系统内，**任何生物的生存和发展都是在和环境系统发生相互的作用。**

【整个村庄才能养出一个好孩子】

人都是系统的一部分。个人、社会和宇宙组成了一个生态系统,所有这些都不可能和其他部分隔离开,彼此之间都是相互影响的。通俗一点说就是一个人与他人和社会都是紧密结合的,你好他好大家好,他不好我也不好大家都会不好。关于场域的范畴通常有三个地方:第一是成长的地方,第二是学习和工作的地方,第三是社会文化。这三个范畴分别指向家庭、学校和工作单位、国家。**环境影响人的精神**,好环境触发人们良好的性格与情绪,塑造出比较稳定的精神状态。人不是从天而降,人都是环境的产物,人生活在世上,环境最为重要。巴尔扎克说:"生活是我们在自己喜欢的环境中所遵循的一种习惯。"人与环境是不可分割的一部分,环境为人类提供生命活动的物质基础,环境的组成成分及存在形态的改变都会对人产生影响;人的生命活动也以各种形式不断地对环境施加影响,使环境的组成与性质发生变化。在人的生活过程中,环境条件是经常变化的,人体经过长期的适应性调节,对环境变化具有一定的适应能力,人的行为习惯、大脑思维和生理功能都是适应其周围环境变化的结果。试想一下,一个人长时间在一个落后、闭塞的环境,会产生什么样的体验和思想,就跟困在牢房里的犯人没有太大的区别,思维的局限性就会暴露无遗。人与环境之间连续不断地进行着物质、能量与信息交流,保持人的成长性必须把环境的发展性考虑在内,**不能只顾着自己的成长动力,也要保持观察环境的发展动态水平**。固然通过环境变化可以起到对人的重新塑造,但原本环境的作用却在一定时间内保持影响力,这种无形的东西始终紧紧地扼住了人的思维,束缚了人的想象力拓展。**培养一个好孩子,不仅仅靠家庭,还要靠学校和整个社会的风气**,在非洲有这样一个传说:整个村庄才能养出一个好孩子。在良好的场域下更容易派生出正向的力量,而在不好的场域条件下,人们更容易表现出不好的思想和行为。

【"亚力之问"】

美国加利福尼亚大学洛杉矶分校医学院生理学教授和美国艺术与科学院、

第三篇　场域心智

美国国家科学院院士贾雷德·戴蒙德写了一本书——《枪炮、病菌与钢铁：人类社会的命运》，这本书于1997出版，第二年就获得普利策奖。戴蒙德被认为是当代研究人类社会与文明的思想家之一，他在书的开始设置了一个"亚力之问"：亚力是太平洋上新几内亚岛的一位当地领袖，看到满船的现代工业制品卸载在码头的时候，他无意间问了戴蒙德一句话："为什么是白人制造出这么多货物，再运来这里？为什么不是我们黑人做到这些？"这样的一个简单的问题，换成其他人听可能就过去了，可人类学家出身的戴蒙德却陷入深深的思考。亚力实际上是在问：为何现代化（工业化）出现在欧洲而没有出现在新几内亚？在我看来，"亚力之问"所引发的思考和关注，除了戴蒙德的科学思维，也有来自现实的思考，人类社会经过长时间的发展，有些基因值得人们关注。人若没有对自己的落后给出回答，就不会对制造问题的因素做出制约，有足够的觉察与反思意识，从抽离的视角去看自身的处境，对存在的问题提出质疑，从而知道自己失败背后的具体原因，相当于对自己做了一次专业的剖析研究。

环境是人成长不可忽视的重要因素。戴蒙德举了个很有趣的例子：塔斯马尼亚是澳洲南面的一个岛屿，西方殖民者登陆这里的时候，大约有4000名左右的当地人，他们过着极为原始的生活，连基本捕鱼的技术和工具都没有，即使人口众多，连鱼钩如此简单的工具都不能发明出来。这说明群体的发展跟人口的体量没有关系。生活在阿富汗和生活在加拿大会有很大的不同。举个例子：世界海拔最高的山峰是我国的珠穆朗玛峰，海拔8848.86米。海拔8000米是人类生存的极限高度，珠穆朗玛峰被称为"绝命海拔山峰"，可全世界的登山爱好者却趋之若鹜。各国登山队或私人登山者的辉煌纪录，都离不开世世代代生活在周边当地人的帮助，他们就是夏尔巴人。夏尔巴人从20世纪20年代起就为登山者充当向导和挑夫，科学家发现夏尔巴人体质异于常人，他们的血液中血红蛋白浓度高于常人，抗缺氧能力强，肺活量是其他地区人们的2倍还多，而正是世代祖居在喜马拉雅山脉环境的影响，使得他们能够胜任这项艰巨的工作。

1990年10月3日零时，民主德国正式加入联邦德国，从此德国成为一

创造力的艺术

个统一的国家。两德统一已经三十多年了，德国教育家赫尔佐格在谈到德国东西部的差距时依然感慨道：在外人看来，两个地区的主要差距是经济。其实那只是表象，经济上的差距很容易弥补。最大的、内在的和难以弥补的差距在于头脑。你如果对两个地区人们的思维方式和价值观进行比较，你会发现他们根本就是两种人，西部人崇尚自由、独立和创新；而东部人则顺从、呆板和怀旧。很多在西部行之有效的事情，在东部施行起来却举步维艰。

戴蒙德看到人类最主要的宗教、哲学、科学、艺术形式和经济创新计划全部都来自亚欧大陆，而不是反过来。从探究人类社会与文明的角度看，欧美工业资本文明所作所为到底蕴含了什么？戴蒙德展开了长期的调查和研究，并试图把"亚力之问"给解答出来，最终他得出**"地理环境决定论"**的观点。戴蒙德说如果用一句话来总结，那就是：**各族群的历史循着不同的轨迹开展，那是环境而非生物（按：即人种）差异造成的。**古人云"近朱者赤近墨者黑"，客观说明环境对人的直接影响。复旦大学哲学学院白彤东教授在《对华夏文明历史地位与人类文明进程的反思》一文中，总结出人类文明进展的前提是足够多的"闲人"之间的充分交流。

【城市发展在于创意人口的增加】

环境决定吸引怎样的人，人又反过来决定环境是怎样的场域。人类的发展史是一部迁移的历史，考虑到生存空间的问题，人类会离开原本的聚集地，寻找更安全或者更适合的环境居住。影响人口迁移的因素有自然灾害、经济发展、政治变革和战争等。比如近代我们国家随着工业的迅猛发展，城市化进程加快，人口流动出现农村往城市，三四线城市往一二线城市迁移的现象。那什么样的城市会有竞争力呢？或者人应该往哪个地方去比较好？按照规划大师昆兹曼的说法：城市的发展和创意型的人才具有必然的关联性，**一个城市的发展和模式需要有创造力的人来推进**。美国有一家叫 CITY LAB 非营利组织，在匹兹堡的加菲尔德做了一个实验，最后得出一个数据：**一个社区能够吸引 6% 的创意工作者，那么这个社区自身就会成为一种吸引力**。更有包容力和人口规模的城市会吸引更多有创造力的人，这些人通常是我们所说的艺术家。

艺术家是专门从事艺术生产这一特殊精神生产的人，具有更高的审美能力和创新的技能。艺术的核心要素让人的感官接收到更多的美，同时联结思想和技能各要素，以独特的语言和表现手段转化成意识流，会触发人们更多创意的迸发。因此，离开了艺术家，城市就没有了艺术创作，也就没有生机勃勃的其他活动。**艺术家是文化的生产者、变革的推动者，他们是解决现实问题的专家。**一个城市如果想要更好地发展，增加更多的创意人口是明智的做法，这样的人口结构转变能极大带动文化和经济发展。艺术和经济通常密不可分、互为因果，"后疫情时代"社会会加大内卷的速度，城市可以在这样的时刻保持独特的发展力，不是跟人家扎堆进行恶性竞争，而是有能力建设更好的艺术环境。经济发达的地区不一定有艺术家，但有艺术家的城市一定是经济发达的地区。

【自由是创造力的土壤】

有创造力的人往往是渴望自由的人，发生在一个人内在的意识活动与他所生活的环境构成生态系统，越是自由的环境越会让人的思想变得有突破性，把创造力释放到科学和艺术里面。**若是思想里面都是担忧，面对困境就不会倾向去尝试和突破，**限制会在人们的内心里存在，对自由的人来说一马平川的思想境地才是他们真正想要的。环境没有所谓的自由，就没有办法真正得到创造力。比如曾经给我们带来许多快乐的香港影星周星驰，就是"百年一遇"的喜剧天才，凡是经过他打造的电影，都焕发出格外有想象力的光彩，看似无厘头的他却浑身都充满笑点，一本正经中让你哈哈大笑。**天才的诞生与创作环境的因素相关联，需要庞大的社会活动和人群的思想交汇。**二战结束后，香港受战乱影响较小，其开放的地理位置使它一跃为"亚洲四小龙"，经济富足和开放性给各个行业提供了创造力的巨大空间，才有后面不断涌现的歌星和影星。

1933 年 10 月 3 日，爱因斯坦在伦敦皇家阿尔伯特纪念厅进行演讲，内容为《文明和科学》，并于次日发表在《泰晤士报》和《纽约时报》上。在战争和经济危机的双重影响下,他认为:社会的创造力释放需要有足够的自由,要是没有这种自由,就不会有莎士比亚、歌德、牛顿、法拉第、巴斯德和李斯特。人民群众就不会有像样的家庭生活、不会有铁路和无线电、不会有防治传染病的办法、不会有廉价书籍、不会有文化、不会有艺术的普遍享受。也就不会有把人从生产生活必需品所需要的苦役中解放出来的机器。要是没有这些自由,大多数人会过着被压迫和被奴役的生活。**在自由的社会中,人才能有所发明**,并且创造出文化价值,使现代人生活得有意义。

【好环境才有好企业】

美国学者约翰·柯特和詹姆斯·赫斯克特认为,企业文化就是企业信念价值观和经营实践。谷歌(Google)是目前被公认为全球最棒的互联网公司,是规模和市值最大的搜索引擎。谷歌将价值观建设作为企业发展的核心和基础,秉承"以人为本"的价值观,即以客户为中心,一切以客户的体验出发。2021年《财富》杂志发布"美国100家最适宜工作的公司"排行榜,谷歌公司第六次登上榜首。谷歌在建设办公楼时第一件事想的并不是规模和外观,而首先考虑的是:**如何做一个有舒适性的办公环境来启发员工创新性思维?**

加州大学圣塔克鲁斯分校,背靠硅谷各大世界高科技公司。加州全称叫加利福尼亚州,号称**"世界上最有创造力的地方"**,是美国的最大州,GDP是广东的两倍,把加州视为一个独立经济体的话,它的经济规模已经超过了英国排到全球第五。2016年学习间隙我专门去参观苹果和谷歌两家企业的园区。走进谷歌园区的时候,我发现它跟我们平常所看到的格子间式的企业办公楼有很大的不同,它的每一栋建筑都有独特的造型。园区里面有沙滩排球、游泳池、流动理发车、艺术性雕塑、流动的餐车等,员工随时可从办公房间下来,想要运动、吃点美食或相互交流,没有人会限制你,自行车被浓浓地涂上了谷歌公司的蓝、红、黄、绿四色,员工允许骑着自行车在园区四处走动,展开交流。

谷歌的员工办公场所风格各异,员工可根据自己的爱好来设计自己的房间。比如有人平时喜欢打高尔夫球,办公室就设置成高尔夫的草坪;有人喜

第三篇 场域心智

欢哈利·波特主题电影，办公室里面可以贴满哈利·波特的主题海报；你喜欢星际战队，公司就帮你把房间设计成具有未来飞船的样子……根据个人的兴趣爱好来设计房间，有些人甚至把宠物带到了办公室，当然这一切都是由谷歌来买单。休闲式的办公区看似对工作无用，但这里恰恰是激发员工灵感最好的场域，环境越宽松，越发的优美，越让人感到放松。现在国内的高科技公司也开始改变传统的办公楼样式，比如阿里巴巴和腾讯的新运营中心，更多地考虑员工自主和休闲办公的空间。许多传统写字楼格子间，虽然可以在一定程度上便于管理，但是整体上呆板压抑，不利于员工的创造力发挥。我的工作室已经使用将近十年了，现在仍然很有家的感觉，以至于我爱人几次跟我抱怨说家里的装修都没有装修工作室上心。工作室设计采取了不规则的功能区交叉，有吧台和健身区，用家庭式的装修营造出温馨亲和的场域空间，以前我还放了一台哈雷摩托来增加激情和想象，遗憾的是这辆哈雷大了一些，无法从电梯上来。灵感能否出现与环境有必然的关系，灵感要在和谐、优美和放松的环境中得到。

与生命一切交谈

——陈育林

时间如阳光在人的头上盘旋
生命如积雪融化得很快
越走越小,越走越少……
似乎沉浸了,却失去了

万物生灵都与我们无关
他人任何看法都与我们有关
停下的那一刻
心脏却也停止跳动
放慢脚步吧
和出现的每一个生命
动物呀,植物呀
牵手从未谋面的天使
好好地交谈
就像与朋友交谈一样

(绘图:林柔伊,9岁)

二、大自然是我们原本的家

  1845 年，梭罗选择独居在离波士顿 27 公里外的瓦尔登湖边的一间小房子，在两年多的时间里用第一人称写下思想巨作《瓦尔登湖》。瓦尔登湖是位于美国马萨诸塞州康科特附近的湖泊，去瓦尔登湖需要在马萨诸塞州的波士顿北站，乘坐早班通勤火车，抵达康科德。美国很多小镇是没有公共交通的，也没有出租车，下车出站之后，沿着梭罗街朝着东南方向步行大约 5 公里，继续向前再走上一小段路，才到瓦尔登湖。瓦尔登湖现在已经成为一处幽静的风景名胜，因为这里有了梭罗的小屋以及他的文字而成为文学的圣地和精神的家园。有人说《瓦尔登湖》是一本使人安静的书，有人说《瓦尔登湖》就像一首"流水账"的诗，有人说他们在书里重塑与自我的心路历程，感受到宁静的巨大力量，寻找到自己心中的"瓦尔登湖"。但在梭罗那里我们看到，**美的趣味和精神上的丰盈需要在大自然里培养。**

【人只是自然中的一个过客】

  在瓦尔登湖隐居的时光里，梭罗远离城市的喧嚣接近大自然中延绵不绝的生命场域，**他渐渐意识到人与大自然不能分离，**大自然也应该成为人类生活不可或缺的一部分。城市化进程是一把"双刃剑"，给人类带来前所未有的经济发展，但耕地却大面积减少，尤其是我们的国家近几年房地产快速扩张引发一系列环境破坏问题。遵循自然的生活必然是自由的生活，也能顺应人的天性，梭罗的写作产生于大自然中，这种简单的生活让他意识到人与自然的最原始的关系：人与自然的和谐相处，人只是自然的一部分，人只是自然中的一个过客。他在书中写道："这是一个美好的黄昏，整个身体只有一

171

种感觉，每一个毛孔都吸取着快乐。我奇异地在大自然中自由来往，已与大自然成为一体，但这自然却和我极为协调。"他又说："有时我感觉到，可以在大自然任何物体中找到最为甜蜜温柔，最为率真和令人鼓舞的伙伴，即使对可怜的遁世者和最忧郁的人也不例外。"

梭罗一生中思想最深刻、最有创造力的时刻，应该就是在瓦尔登湖的那段时间，他认为人类最幸福的事情，就是自由地去享受这种无限的地平线。我能体会梭罗所说的感觉，有一次我在一个深山的湖心岛上露营，早晨起来我们划着皮划艇在平静的湖面上，当时云雾缭绕，一切都美得无以复加。我们可以多到一些优美、自然和安静的地方做一些创作，这也是我喜欢去野外露营的缘故，有一种真正回到家的放松感。事实上我们的祖先最早都来自大自然，**大自然是我们原本的家**，去大自然就是回家做客，回家让人放松，回家会让人有安全感，回家让人心生归宿。

【土壤经过每一种形式的生命】

土壤经过每一种形式的生命，**土壤是生命之基、万物之母**。人类和地球上的其他物种一样，只是地球上繁衍生息的物种之一，**人类永远只是自然的居民，是大自然的一部分**。土壤比我们更年长，更智慧，比人类聪明得多。土地不仅带来光合作用的植物，也带来生存所需的食物，更意味着赋予我们更强大的生命力。全球第一个有机农场创始人罗代尔（J. I. Rodale）发现：随着实验的进行，他的健康状况会随着土地而改善，说明生活在健康的土地上，本身就赋予了我们巨大的生命力量。一生追求"人诗意地栖居在大地上"的德国著名诗人荷尔德林的理念是尽可能去接触大自然，**他说人最好的课堂来自大自然**，在许多诗中阐述了他的大自然教育理念。

致大自然
——荷尔德林
当我还在你的面纱旁游戏，
还像花儿依傍在你身旁，

还倾听你每一声心跳,

它将我温柔颤抖的心环绕,

当我还像你一样满怀信仰和渴望,

站在你的图像前,

为我的泪寻找一个场所,

为我的爱寻找一个世界;

当我的心还向着太阳,

以为阳光听得见它的跃动,

它把星星称作兄弟,

把春天当作神的旋律;

当小树林里气息浮动,

你的灵魂,你欢乐的灵魂,

在寂静的心之波里摇荡,

那时金色的日子将我怀抱。

大多数人认为只有在死后才和土壤建立关系,但只要活着我们就无法和土壤脱离关系。萨古鲁认为宇宙五大元素是土地、水、火、风和空气,**脚下的大地有着智慧和记忆**,就算人住在钢筋水泥的丛林里,与脚下的大地保持接触也很有必要。当代瑜伽士、诗人、环境保护主义者萨古鲁倡导人不要一住进城市里,就不接触土壤,应多光着脚与大地接触,花个几分钟到花园里赤脚走路,去接触植物和树木,人的生理系统才会变得和谐健康。大自然可以激发创造力吗?积极心理学家米哈里在他的著作《创造力》里,专门有一章论述了什么是"激发创造力的环境",他认为自然环境可以促进灵感和创造力。米哈里解释说:纵观人类发展,很多文化都认为身处在高山、溪谷、森林等自然环境中,有利于思考、悟道。我们所生活的社会是个复杂且庞大的系统,多数人的注意力会被特定的事物牵引。所以绝大多数的宗教都会把修行场所选在风景秀丽、人迹罕至的地方,**练习对大自然的敬畏**,保持谦卑,把更多的力量用来探索和深思。发生在人的内在与环境之间的过程都是系统性的，我们的身体和环境构成生态系统，彼此作用和影响。艺术家和诗人常常寻找自然风光优美的地方，一方面不希望与大自然这个系统割裂开，**另一方面希望大自然能带给他们有创意的想法。**

【西雅图酋长】

祖先们最早生活在由成千上万棵大树聚集的森林里，那里给了他们生生不息生存的一切，狩猎、捕鱼和种植农作物，随着长时间的演变以及近代工业化的进程，祖先们才慢慢从森林里走到今天的城市里。大自然，我们原本的家园，它与我们每个人有着千丝万缕的关系，亿万年来，它给予人类提供赖以生存的丰富资源。愿我们都能好好珍惜大自然的馈赠，好好守护我们自己的家园。

讲到对大自然、对土地的情结，我想和大家提到印第安文化。印第安人对自然、对动物、对植物的感情都保留在他们的血液里，即使来自不同印第安部落，但是他们的信仰和生活方式却不无相似之处——与大自然保持亲密的关系。印第安人珍视大自然的一切，大地往往是以哺育者——母亲形象出现，他们尊重并善待动物，相信万物都有灵魂，尊重大自然的规律而拒绝过度捕猎。面对来自欧洲白人的入侵，对土地有如家人般深厚感情的他们，无法忍受的并不是白人对土地的侵占，而是对大自然的无休止破坏。1854年，美国政府的印第安事务长艾萨克·史蒂文斯巡视各部落，提出向印第安人购买土地，并将红人（印第安人）迁入"保留区"的计划，白人官员在1月10日与当时西北部中最勇敢且最受尊敬的一位酋长会谈，来到与白人平起平坐的谈判桌前，这位酋长威风凛凛地站起身来，用手指着天空，双眼蕴藏热泪说出：

我们怎么能买卖天空？
我们怎么能买卖大地？
对红人来说，
每一根闪亮的松针，
每一片潮来潮往的海岸，

第三篇 场域心智

每一块青翠的草地,
每一只在风中振翅鸣叫的昆虫,
都是我们绵延不尽的记忆和过往。
你听见流水的声音了吗?
红人相信,河川是神圣的。
明净的河水,
曾清晰地倒映着一张又一张祖先们的脸孔,
而潺潺的水声,
仿佛是他们殷殷的叮咛。
渴了,它解除我们的渴,
饿了,它给我们鲜美的鱼虾,
它还用温柔的双臂,
载着我们的独木舟四处奔流。
它是河水,也是我们的兄弟。
你闻过池塘上飘来的香甜微风吗?
你闻过午后大地被雨洗刷过,潮湿清甜的芳香吗?
红人相信,空气是神圣的。
它给我们呼吸和芳香,
就如同它给予树木、野兽和昆虫的一样。
它公平地看顾大地上每一分子,
给我们第一次呼吸,
也接受我们最后一抹叹息。
你曾触摸过大树的树干、小草的草茎吗?
你是否感觉到那汨汨流动的汁液,
好似我们体内奔流的血液?
红人相信,不论人、动物、植物、河流、山川……
都是大地的一部分,而大地也是我们的一部分。
红人相信,大地是我们的母亲,

花朵是我们的姐妹，
鹿、马、老鹰都是我们的兄弟。
山崖绝壁，草茎中的汁液，马身上的体温，
和人都属于同一个家族。
我们是一家人，
我们共同分享阳光、雨露、土地。
但白人来了，
在他们的枪口下，成千上万的野牛死去，
尸骨在阳光下溃烂。
在他们的利斧下，一棵棵大树倒下，
浓密的森林，转眼间变成光秃秃的荒漠。
灌木丛哪里去了？
野马哪里去了？
老鹰哪里去了？
当母亲、兄弟、姐妹都不见了，
我们就成为大地的孤儿。
我们再也不能骑马奔驰在草原上，
我们再也无法听到春叶在风中舒展，
和昆虫振翅的窸窣声。
这样的生活，
除了孤单、寂寞，还剩下什么？
当你们问我，可否把土地卖给白人时，
我的人民无法了解，他们呐喊：
"白人究竟要买什么？"
你们怎么能够买卖天空、土地的温柔，羚羊的奔驰？
这些东西并不属于我们，
我们如何卖给你们？
而你们又如何能够购买？

红人不相信，仅凭薄薄的一纸契约，

白人就能对土地为所欲为。

当野牛全部死光，

你们还能再把它们买回来吗？

你们把母亲大地、兄弟天空当成可以买卖、劫掠的货物，

如羊群、面包、珠串。

你们如一只贪婪的狼犬，

一口一口吞食富饶的大地。

红人的心在滴血。

也许对白人而言，土地不是朋友，而是仇敌。

你们用刀枪占领它、砍尽树木、杀光动物，

然后头也不回地离去，寻找新的土地。

你们就像一条蛇，自食其尾，

但请不要忘记了，尾巴终将越来越短。

如果我们把土地卖给你们，

请记住，大地是神圣的。

请记住，野兽是我们的兄弟，

花朵、树木是我们的姐妹。

请务必像爱护母亲一般爱护大地，

并以此教导你的子孙。

因为万事万物都是互相关联的，

生命之网并不是人类单独编织而成，

人只是网上的一线。

如果我们破坏这张网，

就等于摧毁自己的立足之地。

这些话语就像从灵魂深处而来，我每次在课堂上跟学员们分享这首诗的时候，整个身心似乎回归到最原本的纯粹。今天位于华盛顿州西北部的太平

洋沿岸有一个翡翠之城——西雅图，就是为了纪念这位伟大的酋长，他的名字就叫西雅图。西雅图酋长最后的要求与众不同，他说："我们真正想要的，我们唯一要求的，就是白人能像我们一样，对待这块土地上的动物，待它们如同亲兄弟一般，把它们当作一家人。"我想我们已经知道答案，大自然是人类赖以生存的基础，也是包含各种生态系统的地方，对大自然永无止境的恶性破坏就等于破坏自己的生命。

【孩子身心最好的课堂】

大自然是所有生命的摇篮，是最好的学校。自然中生灵数不尽，它们是益友、是良师，可以教授我们许许多多的知识。对孩子来说，真正的世界不是在课堂里，不是在书本上，而是在户外，在感官的视、听、触、味、嗅里。**没有一个课堂比大自然更生动**，从生命的本质来看，我们慢慢会发现，一个身心健康的孩子比学习成绩、事业成就都来得重要，**生命的健康和快乐则是永恒的主题**。据相关的科学研究：性格暴躁、有心理缺陷的孩子经常接触大自然可以得到疗愈。记得小时候爸爸妈妈经常"修理"我，可是从家里出来，我会找到许多玩伴一起上山摘果子、下河抓鱼，在户外到处疯跑，这里爬爬、那里跳跳……情绪早就被排泄没了。现在的孩子除了去学校读书，大部分的时间就是关在"笼子"里做作业，要么玩游戏、要么刷视频，接触大自然的时间少之又少，由于缺少依靠外感官刺激来发展神经系统，身体没有了协调性，也没有了免疫力，最后变成一个空心人，既敏感又脆弱。**大自然是滋养孩子身心最好的课堂**，例如带孩子去户外露营，孩子的注意力会聚焦于周围新颖而复杂的景物，不再寻找手机游戏，大部分时间身体会做平时没有的行为动作，这些行为超越在打游戏中头脑过于单一的联想，促进正向思维的发展。荷尔林德在《林间最后的小孩》一书中讲述：自然环境对孩子的健康成长是至关重要的。自然环境会刺激所有感官，将休闲玩耍和正当的学习结合起来。自然环境和要素激发出孩子们无穷的想象力，并且作为发明能力和创造力的媒介发挥着作用。

培育孩子健康生命和构建美好的大自然环境息息相关，也支撑着整个社会可持续发展。**让孩子保持和大自然的联结是孩子回归身心健康的有效途径之一**，呼吁大家要保护好我们大自然这个家国，保障生态环境就是保障孩子的身心健康。或许我们现代人就像小说《乱世佳人》里的斯嘉丽一样，年轻时候对于土地的感情还不那么深刻，渐渐地我们也会像她那样认为土地是世界上唯一值得为它奋斗和牺牲的东西。中国人对土地的感情一直是很深厚的，因为民以食为天，而食物都是从土地里来。希望家长们能够经常跟孩子说：我们回大自然的家吧！

【经济不好更要出去走走】

环境是人心情好与坏的重要因素之一，良好的环境可以让人心情愉悦，加强人与人之间的连接。比如打高尔夫讲究有好的球场环境，绿水青山、鸟语花香的户外美景沁人心脾，本来高尔夫就是一种社交活动，几个志同道合的朋友一起走在柔软的草坪上创意自然纷飞无限。有一个经常与我们一起户外活动的朋友，我们几个人时不时会到户外露营和野炊，有时候他会把客户约到户外交流，后来他干脆把许多商业洽谈都放到户外，发现在户外洽谈生意比较容易成功。显然在户外和室内是完全不同的场域，户外会让人的头脑、身体和情绪放松下来，在公司里大脑就会带着习惯的思维，就无法激发更多的创意，让沟通变得固执不流动。大自然本身就有和谐的作用，心门更会彼此打开，会使沟通变得更有连接性和启发性。

人类或许已经忘记自己也曾是大自然的一部分，殊不知一直是大自然在输送力量给我们。大自然可以说是一本没有开始、也没有尽头的书，它带给人类许多资源和启示，大自然慷慨不吝啬，只是我们缺乏发现美和奥秘的眼睛。正如海明威说的，很多人花一辈子才明白的道理是，真正需要的东西实在太少。温暖的阳光、清新的空气、松软的泥土，这些不需要争取便可得到的大自然的恩赐，我们却在用一生的奋斗远离它们。

贴近大自然的心

——约翰·缪尔

只要我还活着,我就要倾听风儿、鸟儿
和瀑布的歌唱
就要读懂岩石、洪水、风暴和山崩的语言
我要和原野、冰川交朋友
尽我所能地贴近大自然的心
我确实也是这么做的
我在岩石之间漫步
在森林之中徜徉
在溪流之间跋涉
只要遇到一种新的植物
我就会在它的旁边坐上一分钟
或是一天
试着和它交朋友 聆听它想说的话
我问卵石 它们从哪里来又要到哪里去
夜晚来临 我便就地露营
我不慌不忙 不赶不急
和树木、星星一样悠闲
这是真正的自在
一种美好的、可以实现的永生

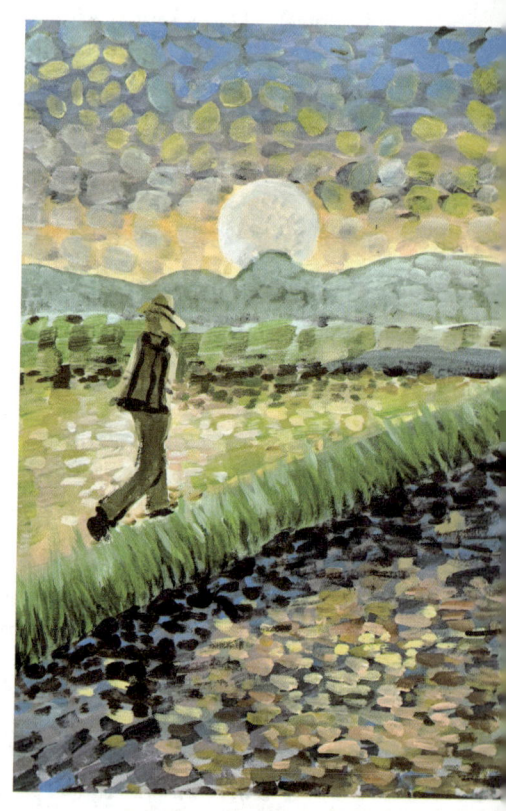

(绘图:刘学佳,11岁)

三、如何培养亿万富翁

创造力是一种文化，孩子是否有创造力，跟家庭环境是密切相关的，归根到底就是父母本身有没有良好的创意水平。孩子是家庭环境的产物，好的家庭环境能引发孩子的创造力意识，父母是推动孩子探索创造力的第一驱动力。未来的社会是一个充满不确定、多元化的社会，我们的孩子面临更复杂的环境，需要他们有超群的创造力解决人生的各种问题。孩子天生都有极强的探索能力，都有问"为什么"的时期，世界对他们来说是全新的，好奇是他们的本性。我们习以为常的物品，他们可能会专注很久，孩子创造力越强，就越有自我保护力。家庭喂养要点在于营造孩子敢于想象的场域，想象力发展的教育要点绝对不是惩罚式的，这会构成对创造力的威胁。孩子刚来到这个世界，开始他完全依赖成人生活，是活在家庭场域的能量中，家庭场域是开放、幽默、灵活和宽容的，有许多的爱和良善在流动，有这种家庭场域为基底，孩子会发展出流动和正向的心智模式，而不是常常处在卡住的负面情绪和低能量的状态。

【梦想需要土壤】

梅耶·马斯克是埃隆·马斯克的母亲，她出生在加拿大一个飞行家的家庭，梅耶小时候会跟着父母坐着飞机到处冒险，冒险的基因已揉进了她的血液里面。她在22岁时嫁给了一个同样是飞行员又是工程师的男人，离婚后她独自抚养三个孩子，并把他们全部培养成了在各自领域的佼佼者。快80岁的她现在拥有许多头衔：模特、企业家、营养师、演说家，拥有两个营养学硕士学位。在她的新书《女人制定计划：冒险、美丽和成功的一生的建议》中分享了自

创造力的艺术

己是如何把三个孩子养育成亿万富翁的。

  1971年6月28日，埃隆·马斯克出生于南非，1988年，17岁的埃隆·马斯克从比勒陀利亚男子高中毕业后离开家庭，只身前往加拿大，寄居于亲戚家中。1989年，马斯克获得加拿大国籍，并于次年申请进入了位于安大略省的皇后大学。1992年，马斯克依靠奖学金转入美国宾夕法尼亚大学沃顿商学院攻读经济学，大学期间，马斯克开始深入关注互联网、清洁能源、太空这三个影响人类未来发展的领域。梅耶给了马斯克非常自由的空间，无论埃隆·马斯克做什么事情，她都全然支持，12岁的埃隆·马斯克很喜欢电脑，梅耶就用不多的薪水为他购置一台电脑，马斯克在13岁时就编了一个游戏程序，并卖给游戏软件公司赚了五百美金。

  马斯克成功后多次对媒体说过，他的成功要归功于他的妈妈。妈妈也在一次访谈中谈到这点："我对我的子女所有的行为都是全然支持，在我们的家庭里面，所有的孩子都可以做他们任何想做的事情，只要他们对社会、国家和人类有益，我全然支持。"就是基于这样的家庭环境才会有马斯克这样一个改变世界的科技狂人，他之所以有超越寻常人的思维，依靠的是家庭的独特场域，**是由一代又一代的力量延续共同发起创建的，**"这里面充满着密密麻麻的爱与自由，并不大的家庭空间却成为天才成长的'天堂'"。

  人的信念一大部分是来源于环境。梅耶为了让孩子们看到积极的生活态度，让孩子们获得更好的教育，她曾经同时兼职五份工作。梅耶不会去检查马斯克和其他两个孩子的作业，只是希望他们一定要遵循自己的兴趣来寻找自己的工作。她的二儿子（Kimbal）开了一家从农场到餐桌的餐厅，并且正在教导全国的孩子们在服务欠缺的学校里建立水果和蔬菜花园。女儿（Tosca）经营着自己的娱乐公司，负责制作和导演畅销小说中的爱情电影。他们都走自己的路，却在各自的领域都做得非常成功。**兴趣即是天赋，所有这些成功都源于他们小时候喜欢的东西**。父母对孩子教育重视没有错，但兴趣不要都放在孩子的学习成绩上，而是要让孩子真正为自己的未来负责，发展真正属于他们自己的天赋，只有这样，孩子才有生命的爆发力。

  马斯克曾经说过：世界上最可怕的事是孩子没有内驱力。马斯克说成功的关键是内驱力，兴趣就是一个人最大的内驱动力。马斯克固然令人钦佩，但是更伟大的，**其实是滋养释放他个性的土壤**。有人说教育有三种杀人武器，也就是咱们从小耳熟能详的三句话：第一句叫"听话"，用来杀自由；第二句就是"你跟大家不一样"，用来杀个性；第三句是"别整天琢磨那没用的玩意"，用来杀想象力。家庭是一个人至关重要的场域，孩子的思维、行为和心灵跟家庭场域的土壤是密不可分的，有创造力的父母是孩子这一生很大的幸运。

家庭是孩子的温床和土壤，很难将一个人与生长的环境分割开来，就像一颗种子成长的首要条件是好的土壤。种子不可能靠自己的机能获得养分，能够使植物正常生长所需要的各种条件一般包括，水、肥、气、热四个方面。肥沃的土壤是指有机质含量较高的土壤，这样的土壤为种子提供大量的各种营养元素，土壤有肥力才会使树的成长越来越好。家庭若是提供给孩子一块贫瘠的土壤，或是"土壤"的土造和养分出了问题，孩子的心智模式就会有问题。

2019年的诺贝尔经济学奖颁给了《贫穷的本质》一书的两位作者，他们为了搞清楚贫穷的根本原因，花了十五年的时间深入世界五大洲的各个贫穷地区，最终得出一个结论：**人之所以穷是由父母本身携带的信念决定的，穷是会遗传的，大部分都是来自父母的影响**。由于父母个人的生活环境和经历形成的思维，对孩子产生深厚的影响，父母不知道无形中已把多少有用没用的信息灌输给孩子。穷的本质是人的认知出了问题，父母的认知不高，孩子的认知大概率也是不高。除非孩子能够获得突破圈层的教育资源。一个人出身不好，在社会中没有太多的资源，存在眼界差距、文化差距和财富差距，靠着一身孤勇，也很难改变命运。《贫穷的本质》中很现实地阐述了一段结论："我们与穷人的差别其实很小，我们真正的优势在于，很多东西是我们在不知不觉中知道的。"

【你是否把孩子天性给扼杀了】

孩子对环境给予的感觉很敏感，他们会随着环境的变化来呈现心性。父母一味地用自己的标准和条条框框来束缚孩子的天性，他们就会主动压低表现力和想象力。玛利娅·蒙台梭利是意大利幼儿教育家，蒙台梭利教育法的创始人。**"提供一个自由的环境"**是蒙台梭利教育的重要精神，1907年蒙台梭利在罗马贫民区建立"儿童之家"，招收3~6岁的儿童进行教育，她运用她的教学方法，从智力训练、感觉训练到运动训练，从尊重自由到建立意志，从平民教育到贵族教育，结果出现了惊人的效果。那些"普通的、贫寒的"儿童，在几年后心智发生了巨大的转变，被培养成了一个个聪明自信、有教养、生机勃勃的少年英才。父母以孩子为中心，培养出孩子完全的人格是可以做到的。如果家庭的宽松、自由的教育消失了，孩子刚开始会感到不安，甚至痛苦，接着会紧紧把自己包裹起来，更多的时候是在体验受挫、受伤。每个孩子来到这个世界，都带着独特非凡的灵性，如果我们亲手阻断了他们的天性，那么他们会转过身来报复我们和这个世界。世界最大的视频网站youtube有一个超过千万播放量的视频，列举了现代教育的六大弊端，观点非常新颖深刻，相信会给做父母的一些启发，其基本观点是现代社会已经是AI时代了，可是学校教育还是停留在已经过时的工业时代的教育模式。

问题一：工业时代的价值观

我们分批教育孩子，通过铃声来控制他们的生活，学生就只是遵循老师和学校的指示。在学校，你会因为听话被表扬，这些是工业时代的价值观，这对工厂的工人来说很重要，他们的成就取决于是否听从指示，并按照听到的去执行，在当今的世界中，简单地按照指示去做，你又能走多远呢？现代社会重视有创造力，有能够顺利传达想法并能够和他人合作的能力，但是我们的学生并没有机会去锻炼这些能力。

问题二：缺乏自制力和控制力

在学校里，我们的学生每一分钟都被系统严格控制，体制正在给我们的学生传达一个危险的信号，他们没有办法掌控自己的生活，他们只需要遵循规定，而不是自己掌控和充实自己的生活。专家认为，自制力和控制力的培养对于学生而言非常重要。

问题三：无效学习

学习不应依赖于记忆和死记硬背。学校让所有学生必须学习，然后每隔几个月，学校通过考试来测试他们学到了多少。学习可以是更加深入和真实的，而不仅仅是简单的记住和保留。

问题四：没有激情和兴趣的余地

我们有非常标准化的系统，每个学生都要在同一时间学习同样的东西，和别人用同样的方式，这种方式并不尊重人类的天性。每个人都是独特的，以自己的方式而存在，我们都有自己的兴趣与热情。而人类成功的关键就是找到自己的热爱所在，但是我们现在的学校帮助学生找到并开发他们的热情还不够，当下的教育似乎没有为孩子最重要的问题留出空间，我擅长什么？我这辈子想要做什么？我怎么样适应这个世界？

问题五：学习方法的不同

每个人的学习方法不同，学习的时间也不一样。什么样的学习、工作和资源适合我们也是不同的，但是教育并没有为这些不同留出空间，如果你学习某样东西有点慢，你就被认为是失败者，其实你只是需要多一点时间来追上。在很多教室中，不同的学生有不同的理解能力，现在无论老师做什么讲什么，一定会有学生有不同的学习方式，有的理解得快，有的理解得慢，这是非常正常的。

关于抚养孩子，我和我的爱人也早已达成了共识，我们会让他们先去使用自己的天赋，然后才是我们父母的意愿，可以接受他们适当的冒险，为了更能提高两个孩子的能力，我们也还在学习，也必须要学习，因为如果没有创造力，以我们自己的能力和经验最终也只能培养出没用的孩子。首先，我并不认为所有人都一定要走高考这个"独木桥"，当所有人都往一个方向去的时候，我会有更多的思考和觉察。我跟我的大儿子说：你要意识到，你要为拥有这样有创造力的爸爸妈妈感到骄傲，因为并不是所有人都能允许你这个样子。有一天他跟我们说不想参加高考，他说以他的现状考个国内一本没有问题，可是他希望先学会自己挣钱，然后去国外读商科。我本身就是有创造性地一步一步走过来的，我喜欢自由，喜欢把一些美好的东西分享出来，我的人生也做了一部分的创造。我允许孩子在人生中走一条与多数人不同的道路，追逐与光同程的梦想。

【"孟母三迁"才能有孟子】

孟母为培养好自己的孩子，不怕麻烦搬了三次家，这个典故就是我们熟知的"孟母三迁"。孟母有一天发现孟子喜欢哭哭啼啼，她百思不得其解，原来他们居住的房子附近有一个办丧事的地方。孩子三五成群一起玩会模仿大人号哭，孟母觉得这样下去孟子会废了，赶紧把家搬离所在地，搬到新的地方。不久，孟母又觉得不对劲，孟子跟小朋友玩的时候总爱模仿商贩吆喝着卖东西，原来他们附近有一个集市，孩子放学喜欢跑到那里去玩。孟母更希望孟子将来能成为知书达理的文人，她决心要再搬一次家，就把家搬到学宫旁边，有点像我们今天所说的学区房，从此以后孟子变得越来越爱读书，举止也愈发文雅了。时至今日，许多人都选择留在老的学区房而不愿搬走，好处就是留住了场域，留住了文化。有影响力的人最初都是源于他所处的环境，他们大都在良好的环境中成长。

【内在的品质】

约翰·伍登 (John Wooden)，是美国篮球史上以运动员和教练员双重身份入选奈史密斯篮球荣誉纪念馆的人。这位老人在执教加州大学洛杉矶分校棕熊队的 27 年中拿到了 10 个 NCAA 冠军，包括空前绝后的七连冠（1967—1973），同时他所执教的球队还曾获得 88 场的连胜纪录。伍登曾六次赢得大学"最佳教练员"称号。他所获得的荣誉数不胜数，备受众多球员的拥护和尊重。他常常语重心长地教导球员：成功金字塔的基石由一些内在的美好品质凝聚在一起，才会使"人生金字塔"坚固。这些美好的内在品质包括雄心、真诚、适应能力、诚实、足智多谋、可靠、拼搏、正直、耐心、信仰等。就像我们说的教养也是指一个人的内在品质，在待人接物中所表现出来的一种优秀品质，它不是姣好的面容，也不是华丽的服饰，而是内在美好品格的表现。把美好的品格根植于心，全力以赴，人生定会成功和幸福。

曾有人向我请教如何做好亲子教育，我问他："儿子这么大了，你有告诉过他为人要仁义、公平和正直，遇到弱者被欺负要挺身而出吗？"他笑着

第三篇　场域心智

没有回答，我接着告诉他："正直、诚实和勇敢才是人最根本的东西，它们像钻石一样坚固和珍贵。"许多父母还在舍本逐末，有一次和朋友喝茶，当时他上大学的儿子说，学校食堂有食物中毒的事件，他们几个同学正向学校领导反映。他父亲马上跟他说"让别人去搞就好，你千万不要当出头鸟"。我在旁边默默无言，父母帮孩子获得内在的美好品质，**可以更有力量地面对生活，活得更加通透和美好**，让孩子建设美好的内心难道不是我们教育的终极目的吗？

我曾向大儿子推荐了一部老电影——《罗宾汉》，由雷德利·斯科特执导，著名影星罗素·克劳主演。我希望通过这部电影他能看到两种品质在生命中是多么的重要：一要诚实，诚实才会真实；二要敢于抗争，要成为雄狮而不是绵羊。我更希望自己的子子孙孙都能恪守人类美好的品质。有一天在工作室，我不经意在书架上翻到几本在军校时的笔记本，看到自己 21 岁时写下的"革陈拓新"的八年计划：

为将人生的发展前途和命运能纳入自己意志的轨道，我应加快奋力开拓创造的步伐。1988 年 3 月 17 日，陈育林"革陈拓新"运动：

1. 乐于吃苦磨炼；
2. 不断学习研究；
3. 思维积极更新；
4. 时刻鞭挞自己；
5. 掌握现代科学先进技术；
6. 断谈男女恋情；
7. 把足迹留在更多的地方；
8. 吸取人类一切优秀思想。

即奋斗、学习的品质精神在将来八年里不改变！

很庆幸那个时候自己的内在有这样的意识，**我们不是过去外在的产物，我们是过去内在的产物**。通常我们会认为外在的拥有并不是内在的美好意识带来的，它们只是看不见的东西，直到有一天通过自己所在的位置，此时才意识到曾经的"我"把自己带到这里来。好莱坞著名导演诺兰拍摄的"蝙蝠侠"

187

系列电影，里面有一句台词：**有时候，人们的信念应该得到回报**。一个人最后留给他人长久的记忆绝不是外在的具体呈现，而是那些看不见的信念和价值观。人前的风光，背后其实也是潜心耕耘，就如一个优良的产品，同样来自内在专业的精进投入。人们对信念和信仰的坚守一定会得到应有的回报，这是我们对人生最好的预判。我们说向内看，看什么？**外在的拥有都来自内在的动力，这是人生本质和规律，内在使我们了解生命的起源，一切都必须以此为起点和方向**。建设美好的内在品质，是获得成功和幸福的最佳路径，古往今来能真正被人记住的人，都是因为他们拥有别人没有的珍珠般的内在意识品质。

【企业要秉持诚信的价值观】

"如果一个人不但能得到成功，并且能长久地驾驭成功，那么这一定是素质。"曾有一位美国大学的校长说过这样一句话。统计所有世界五百强企业，那些成功的 CEO 的特质就是**诚信、正直**。通用电气公司（GE）的传奇 CEO 杰克·韦尔奇（Jack Welch），他用 20 年的时间，使通用电气公司的资本增长 30 多倍，达到了 4500 亿美元，一度位居世界第 1 名，业界给了他"世界第一 CEO"的称号。2001 年韦尔奇退休时，获得了创纪录的 4.17 亿美元退休金，而且此后通用电气公司并没有停止为他的日常开支买单，从高级公寓到公务飞机、俱乐部会员等。对于自己的待遇，杰克·韦尔奇直截了当地说："我值这个价。"

他希望通用电气公司一定要秉持诚信的价值观，其次就是要敢于变革，变革不是坏事，有了变革每一刻都有新的机会。不变革才是危机，有能力跨越变革，组织才不至于在新的形势面前陷入瘫痪。这也正是韦尔奇能够成为一代经理人的典范之所在，无论企业有怎样的辉煌和稳定，**作为团队领导者永远要有随时迎接变化的勇气和智慧**。

企业与人在本质上没有不同，内在品质的作用存在于企业的方方面面，企业面对每一件事物，最基础的底色也是内在的价值观。企业的内在品质决定了企业的产品，必须拥有正确的价值观，这是企业发展的重要组成部分。

经营管理中哪一种行为是提倡的，哪一种行为是不应该去做的，这些不是企业不实际的工作，恰恰是最有效率的选择。商业就是以最大利润为价值观，已经是落后的企业文化，当代企业的价值观突出的特征就是把以人为本、服务社会的思想作为导向。稻盛和夫说企业家应该**"愚直地、认真地、专业地、诚实地投身自己的工作，不是仅仅在于追求业绩，更在于完善人的心灵"**。他一直强调人生不是一场物质的盛宴，而是一次灵魂的修炼，人应该在生命谢幕时比开幕时更为高尚一些才对。

【如何"富过三代"】

加拿大著名影评人卡梅隆·贝利说："我爷爷每天步行 10 英里去工作，我爸爸步行 5 英里，我开着凯迪拉克，我儿子坐的是奔驰，他说我孙子能坐上法拉利。但他还说，我的曾孙又将步行。"然后有朋友就问他说，那为什么会这样？贝利又说："艰难时代造就勇者，勇者开创安逸时代，安逸时代产生弱者，弱者重返艰难时代，虽然很多人不理解，但还是要培养勇士。"

中国有一句古话：富不过三代，穷不过五服。意思为：富一般传不到三代，穷不可能延续五代。纵观我们各个历史阶段的富豪家族，大多传到三世就没了。为什么富无常富呢？最关键的是你自身是否拥有长期驾驭财富的内在能力。很多富一代只是重视财产的给予和移交，并不重视家族精神的保全和传承，到他们快要离开世界的时候，还在为财产的分割焦头烂额，而有智慧的家族更多的是在梳理一步一步走过来的内在品质，继而让后代更好地继承。家族制并不是导致企业"富不过三代"的原因，家族企业之所以短命，最大的问题是家族企业的后来者没有保持开拓者的精神品质。看看美国肯尼迪、福特、洛克菲勒、福布斯等家族，哪里有三代而衰的？

伊顿公学是英国最著名的贵族中学，是一所古老的学府，由亨利六世于 1440 年创办。是世界公认的政界、经济界精英的培训之地，培养出诗人雪莱、经济学家凯恩斯等名人，更诞生了 20 位英国首相。有人说英国人之所以敢于把国家交给伊顿公学，是因为伊顿公学作为"精英摇篮"，始终传承绅士文化而闻名世界，即使经过几百年的演变仍然以管理严格著称。学生成绩大都十分优异，被公认是英国最好的中学，致力于培养学生要有责任担当和优雅的内在。第一次世界大战，伊顿公学学生的死亡率约为20%，许多都是20岁不到的青年，以至英国女子学校老师对女学生哭道："姑娘们，别等着白马王子了，他们都埋在比利时的烂泥地里了。"学生们受"绅士精神"的感召，站在更高的社会责任感之上，以继承勇士精神为荣，面对残酷的战争敢于奉献宝贵的生命。直到今天，伊顿公学还透着很强的贵族气息，因为以荣誉、勇敢、自律和责任等作为价值观的优秀品格还在被继承着。

像树木似的成熟

——里尔克

不能计算时间
年月都无效
就是十年有时也等于虚无
艺术家是：不算，不数
像树木似的成熟
不勉强挤它的汁液
满怀信心地立在春日的暴风雨中
也不担心后边没有夏天来到
夏天终归是会来的
但它只向着忍耐的人们走来
他们在这里
好像永恒总在他们面前
无忧无虑地寂静而广大

（绘图：彭倩文，16岁）

四、把想象转译为现实

创造者才是真正的享受者。

——富尔克

梦想是怎样的呢？如何把它们变成现实？梦想和现实从某种程度上讲是画等号的，梦想的事物不一定会在现实中发生，可是在现实中发生的事情和梦想有必然的关联。现实当中执着的人是缺乏想象力的人，甚至连想都不会想、不敢想的人。所谓的梦想成真，就是让未来像做梦一样的无拘无束地想，无穷且无固定形态，就像在做梦时才能看到的画面感。人类需要梦想家，有太多的人痴迷于现实，因而注意不到现实之外的可能性。尊重梦想、追求梦想，机遇就会笼罩你，每个人的生命都像一只小船，梦想就是那提供动力的风帆。我们都可以是梦想家，**梦想一旦被付诸实施，就会变得神圣。**

【敢做白日梦】

人类的意识是量子世界，它能崩塌并塑造不同的样式，在量子世界中无限制、扭曲和多变是最终的目的。就像电影"终结者"系列中来自未来的机器人，似乎永远消灭不了它，它可以变成任何的形态。人大多数是先被林立的经验所束缚，除非把一道道经验的围墙全部拆除，**不然这些肉眼不可见的围墙，会捆锁创造力的灵魂。**梦想像自由一样，是人人不能缺失的珍宝。梦想也是拿来用的，要物尽其用，创造力的最终价值，就在于你如何把梦想转译成现实，把它带到现实当中成真。维持现状多年不变的人其实也不想这样，没有变化没有生气，有时感觉处在心理崩溃的边缘，可是没有瓦解固定思维形态的意

第三篇 场域心智

识,除非做梦的意识从内在空间升起,除非自己想改变,否则谁也帮不了。如果想继续待在自己不想要的生活里面,做梦可以帮忙,我们是意识的主人,创造性意识会跨洋而来,

拿破仑还是小孩时,有一天,他的叔叔问他:将来长大想要做什么?拿破仑马上滔滔不绝地发表心中构想已久的伟大抱负,从立志从军开始,一直说到想带领法国的雄兵,席卷整个欧洲,建立一个前所未有的超级大帝国,并且让自己成为这个大帝国的皇帝。叔叔听完小拿破仑的抱负,当场大笑不已,指着拿破仑的额头道:"空想,你所说的一切全都是空想!想当法国皇帝?那是不可能的!依我看,你长大之后,还是去当一个小说家,反倒更容易实现你的皇帝迷梦!"拿破仑没有动怒,静静地走到窗前,指着远处的天边说:"叔叔,你看得到那颗星星吗?"拿破仑的叔叔诧异地走到窗前,茫然地答道:"什么星星?现在是中午,当然看不到啊!孩子,你该不会是疯了吧?"拿破仑却是依然镇定而冷静地说道:"就是那颗星星啊!我真的看得到,它依然高挂在天边,不分日夜,一直为了我而闪烁着,那是属于我的希望之星;只要它存在一天,我的梦想就永远不会破灭。"那颗希望之星一直在拿破仑的内心深处,凭借内在希望之星的引导,拿破仑终于成为真正的法国皇帝。

提供梦想的意识不是思辨的过程,早在弗洛伊德的心理学理论著作中就有了解析:人在清醒状态下很难意识到更深层次的心理信息,"梦是潜意识活动"。他在1900年提出**梦的主要功能就是愿望的满足**。在弗洛伊德的眼里,**梦就是一个隐晦的流氓**。人类显露在外面的意识只不过是思想的冰山一角,绝大多数被压抑的欲望隐藏在潜意识里。梦想和欲望被大脑给压制住而已,但有机会它们就想溜出来表达。古希腊人普遍认为,**人的肉体只是一具皮囊,灵魂才是真实的自己**。我们是被固化意识锁住,那些还未被满足的需求才是我们应该有的样子。能负责任的人只有自己,要有意识开始从梦想上延伸,并时刻在现实中与创造性意识保持一致。把梦想变为现实可以让我们做自己,即使处于最艰难的时候,仍然不忘记一点,把做梦的意识带到现实中来就是对人生最佳的理解。

"足球诗人"贺炜说为了梦想一直努力的过程,一定是充满乐趣的。是

人类都会做梦，做梦在生物学层面是必然的。白天所经历的事情，到了晚上以后通过做梦，然后释放掉我们内心的一些想法、渴望和情感。做梦与想象力其实是一对孪生兄弟，留意做梦的模型，你会发现梦并不是受限，会有很多奇幻的组合，有激烈的情感、有现实的画面，在这个梦当中我们似乎在做一次创造。而在逻辑与线性世界中，极富创造力的人往往感到错位，他们的大脑与普通人有结构上的差异，导致思考和行动上的独特性，与那些似乎擅长逻辑和分析的同行相比，有创造力的人更直观、更富有想象力。人们渴望把梦想中的画面和情感在现实中表达和发泄出来，如果不这么做，内在会有很多的冲突。

【大梦想家——华特·迪士尼】

有一个特别会做梦、特别敢做梦的人，并且真正做到把梦搬到了现实当中，他的名字叫华特·迪士尼（Walt Disney）。他是一名伟大的企业家，把迪士尼公司发展成为一家多元化跨国媒体集团，通过创新的商业策略，建立了一个在他死后仍然持续繁荣的企业。华特·迪士尼是一名伟大的导演、制片人、编剧、配音演员和动画专家，他所制作的电影曾经获得56次奥斯卡奖的提名，近百年来迪士尼的动画吸引了不同年龄段的粉丝，其精美的动画、动听的音乐和富有想象力的剧情赢得了全世界人民的喜爱，创造了许许多多著名的受世人欢迎的经典卡通形象，有米老鼠与唐老鸭、米奇、狮子王、小熊维尼、白雪公主等，迪士尼已发展成为全世界领先的动画电影制作公司，第一个做出动画与真人相结合的电影，像许多人特别喜欢的漫威电影就是迪士尼旗下的。大家如此喜欢迪士尼，因为有可爱的卡通动画形象，有那座梦幻的城堡，更因为华特·迪士尼在现实世界里制造的美梦，迪士尼的成功之道，**很大程度上在于包办人们的童年记忆和超级英雄梦**，他是一位真正受世界人民喜爱的大梦想家。

法国著名导演雷内1936年在接受《纽约时报》的采访时说：当今电影界的杰出人物，唯有卓别林和迪士尼。华特·迪士尼有极高的创新精神，他对视觉的想象力非常敏感，他先运用自己的大脑无拘无束地创造性勾画，再使

第三篇　场域心智

美轮美奂的奇幻世界变为现实的动画电影，配上委婉曲折的主题曲，让每个人情结里的梦想得以释放。1901年12月5日，华特·迪士尼出生于美国伊利诺伊州芝加哥。1918年，华特·迪士尼高中毕业后对参军产生兴趣，由于年龄还不够他模仿父母的签字，成为红十字国际委员会的一名志愿兵。服完兵役后，华特·迪士尼回到了芝加哥真正开始他的创业，通过三哥罗伊的介绍，在一家名叫普雷斯曼鲁宾的广告公司做画家。1920年，华特·迪士尼和一位当时也在普雷斯曼鲁宾公司工作的同事乌布·伊沃克斯（Ub Iwerks）合伙成立了伊沃克斯—迪士尼商业美术公司（Iwerks Disney），虽然伊沃克斯—迪士尼商业美术公司成立不到一个月就停业了，华特却从此走上动画电影的道路。

　　对于"米老鼠"的由来，很多人说华特·迪士尼是从堪萨斯州的工作中获得了灵感，最终设计了米老鼠。"米老鼠"代表着迪士尼公司的开始。华特·迪士尼成立美术公司后开始为影视公司写剧本，有一天他在工作中苦思冥想，一只小老鼠瑟瑟缩缩地爬到桌子上偷食面包屑，当发现华特没有赶它走或置它于死地时，小老鼠似乎变得大胆跟他玩起来，甚至淘气地爬上他的书桌，仿佛在看他画画似的。他当时正计划制作一部新的卡通片，考虑如何塑造一个新的角色时，米老鼠那个可爱夸张的形象突然从他的脑海里蹦了出来。那我问你，如果是你，会不会恨不得拍死那只老鼠？你会尝试在头脑里构建出可爱的米老鼠形象吗？很难，因为我们迷信传统，对生活中的一切都司空见惯，在经验里头兜兜转转，不敢也无法越过经验半步，这就是当下许许多多的人的局限。1941年，华特·迪士尼开始萌生建造"地球上最快乐的地方"的主题公园，这不但需要有很大的想象力，还需要投入很多的钱。华特·迪士尼曾说过：**"如果你能梦想，那么你就能做到。"** 华特·迪士尼想象着自己创造的主题公园，不管是孩子，还是成年人都向往去玩。那就是给无数家庭带来欢乐时光的迪士尼乐园，不管是大人还是小孩都有去一趟迪士尼乐园的情结，迪士尼也将自己打造成为全世界造梦的乐园。在那里有充满想象力的主题酒店，有"奇想花园"里大自然所带来的奇幻，有驾着"幻想曲旋转木马"回旋的欢乐，乘着"小飞象"在天空中尽情翱翔的自由，使人时而陶醉于"音悦园"的美景与旋律中，时而沉浸在童话世界里的奇遇和美奂……世界第一家迪士尼乐园于1955年7月17日开园，到如今全球已经有六座迪士尼乐园。

华特·迪士尼好像天生就是为梦想而生，对现实之外的事情似乎更加擅长。虽然华特·迪士尼先生已经去世超过半个世纪了，但是他伟大的创造力仍然在激发着后来人，《狮子王》《功夫熊猫》《疯狂动物城》《飞屋环游记》和《复仇者联盟》等等电影。很多超乎想象的画面和情节，触发人们内在美好的情感，对人生有更深的理解和思考，迪士尼的电影的确让世界多了一份美好和一份力量。大人无非就是长大的孩子，孩子的纯真和想象力也一直在我们的内在，任何一个人只要像华特·迪士尼那样敢想，一定可以在现实中呈现出梦境里的激动。

【生活一如童话】

我到过加州旧金山的著名景区金门大桥游览，边上有华特·迪士尼的博物馆，周围风景秀丽，这个博物馆并非迪士尼公司所有，3层的展厅布满丰富的展品，其中包括华特所获得的各种奖杯、珍贵的早期作品线稿，甚至有迪士尼乐园的巨大模型，有迪士尼情结的人可以去参观一下。旧金山至今有华特·迪士尼早先待过的工作室，里面一些房间的门上分别贴着"梦想家""实干家"和"批评家"。美国NLP大学的执行长罗伯特·迪尔茨根据华特·迪士尼工作过程的策略而发展出NLP技术—迪士尼策略。"迪士尼策略"被喻为最有效开发创意的技巧，它能够凭空创造出各种梦想，并且发展出前所未有的能力和行为，有很多人都因为这个技巧而受益，而这个非凡的技巧却是很简单。

华特·迪士尼在工作中会用三个不同的角色来思考问题，它们分别为"梦想家"（Dreamer）、"实干者"（Realist）和"批评者"（Critic）。他们通过创造力、执行力和反馈力彼此默契合作，看似困难的事能够拥有突破性的创意，用在人生上可以很好地拓展梦想空间。人很容易深陷经验的漩涡，无法看清人生的多样化，前半生我们为他人而活，后半生为固化的思维而活。"迪士尼策略"突出的重点是让我们看看自己在这个世界上，是否还可以像自己所渴望的那样生活，有一种不加约束的人生。

梦想家

特质：创作力丰富，天马行空，创意无限，没有限制，信念一切皆有可能。

身体姿势：头部及眼睛望向右上方，身体放松。

思考方向：我最深的渴望是什么？可以有什么选择？最理想的情况是什么？可有什么突破性构想？

头脑内的运作方式：视觉构想，想象未来梦想的画面。

实干家

特质：将梦想家的想法转化为可行的和具体的方案，排除万难，谋求做出效果。

身体姿势：头部及眼睛向前，身体略倾前。

思考方向：怎样详细执行？怎样才能达成目标？由谁执行？何时之前完成？

头脑内的运作方式：感觉，当自己已经成功，模拟亲身经历的成功过程，找出其中的相关步骤。

批评家

特质：考虑到现实的条件及各方面的顾虑，检查结果，控制事情避免出错。

身体姿势：头部及眼睛向下，手托着下巴。

思考方向：在什么情况之下我并不想执行这个构思？如果最终这个构思导致失败，会在什么情况之下出现？谁会反对？有什么因素会导致这个构思不能执行？

头脑内的运作方式：自语型，分析、判断、推测。

迪士尼策略的练习：

1. A请B设置好空间心锚，并引导调整好状态。
2. A请B找到自己很希望能变得非常有创意、有能力及有对策的事件或未来发展。

3. B 以结合的方式站在"梦想家"的角度，想象自己在最理想的景象，能尽情施展，做最好的发挥，一旦整个景象建构好之后，然后回到后设位置。

4. B 进入"实干家"的角度，将自己化身为实干家角色，好像梦可以实现，并开始寻找达成梦想的具体方法，寻找合适人选和组建团队等。拿到成果后退到后设位置。

5. B 进入"批评家"的位置来评估整个情况，此时你既脱离梦境之外，也不在"实干家"的位置，以口头方式，对梦想加以评论，并提供一些改进的建议。回到后设位置。

6. B 回到"梦想家"的角度，并根据其他两个角度所得到的看法，修正自己理想中的梦想，循环重复 3 至 6 的步骤，直到在每一角度位置上，都得到满意的结果为止。

7. 未来模拟，在想象中好好去享受这段经验，就仿佛是已发生在未来的某一真实时刻一般。

8. 角色互换。

1966 年 12 月 15 日，天才梦想家华特·迪士尼闭上眼睛去到他创造的"童话天国"。他的骨灰安葬在格伦代尔（Glendale）的森林墓地，虽然华特长眠于世，但他创作的卡通形象与乐园，却影响着无数的人，尤其是他的丰富想象力和敢于创造的精神，被一代代地传递下去。**只要有勇气追逐，所有的梦想皆可成真**，成为许多人改变命运的宝贵启发。他的话语如同信条深入人心：For life to be a fairytale, perhaps all you need is to believe.（生活一如童话，或许你所需的只是信念）正如他说：**人生做不可能的事情是一种乐趣。**

想象力不分年龄，梦想永不终结，向大梦想家华特·迪士尼致敬！

第三篇 场域心智

【次感元】

希腊哲学家亚里士多德的经典著作《论灵魂》一书中，他把感官归为五个基本类别：视觉、听觉、触觉、嗅觉和味觉。五个感官是NLP的五大"表象系统"的基础，根据亚里士多德的观点，五个感官为心灵提供了外部世界特定范围内的信息，是获取、储存与运用经验的感官通道。人类通过五感来认识世界。经验都由这五个感官产生出来，人们把外在世界发生的信息，编译成大脑可以理解的方式，并"表象"到大脑里，称之为"表象系统"。

想象力转换成现实前，需要内感官想从未想过的画面：成功时是什么样的画面？有什么样的声音？有怎样的感受？闻到并品尝到什么？在NLP里把它称之为"次感元"，在表象系统里可以扭曲固有的经验，让它变得超出原来按部就班的经验，把目标想象得更加的丰富、丰满和伟大。我们在表象系统里可以对"次感元"大胆篡改，一旦有创造性的目标，会让思路打开，引导很多的行为出来。吐槽一下，人类习惯按照固有的步伐在前行，可是当内感官有了想象力，人生就不是匍匐前进的，而是生成一对大大的翅膀。

使用视觉、听觉、嗅觉、味觉、触觉来创建自己的成功的地图，每一种感元里面都包含着更小的要素，这些更小的要素是构成表象的最小单位。"次感元"把"感元"更微细地划分，这是构成任何人经验的最小且更精确的单位，了解"次感元"能更加掌握"主观经验"，对经验有更好的掌控，有能力调整"次感元"等于有能力掌握自己大脑的运作方式。借由改变记忆的感官数据，改变与记忆相关联的思想状态，并以此撬动一种新的信念和价值观。次感元使我们能够从未发生事情的角度来看待当下，扩展思想和经验，构建一种降低不确定感的未来观，通过次感元填补大脑中的经验空白，从缺乏清晰未来信息的现在获取意义。

视觉次感元：

1. 颜色（彩色或黑白的）
2. 有框的或没有框的
3. 移动（是动画或是图片）

创造力的艺术

4. 景深（平面或立体画面）

5. 速度（比正常快或慢）

6. 位置（左右、高低、上下）

7. 距离（远或近）

8. 明亮度（明暗之对比）

9. 清晰度（清晰或模糊）

10. 特定焦点（聚或散）

11. 透明度（透明、不透明）

12. 观看角度（正或斜）

13. 画面数目

14. 画面大小

听觉次感元：

1. 说话声或一般的声响

2. 发声源（来源）

3. 内容

4. 方向

5. 声调高低、音量大小

6. 音色

7. 音速快、慢

8. 节奏、韵律

9. 持续时间（连续或中断）

10. 距离

11. 口气

12. 清晰度

13. 声音是否独特（特点）

14. 是否有嘈杂度

触觉次感元：

1. 强度（强或弱）
2. 重量（轻或重）
3. 压力（软或硬）
4. 压力源
5. 延伸（范围多大）
6. 表面（粗糙或柔顺）
7. 质感、温度的改变
8. 时间久短、频率
9. 呼吸状况（速度）
10. 肌肉张力（松紧度）
11. 震动（有无震动）
12. 是否疼痛，状况为何
13. 动量、方向、速度
14. 尺寸及形状改变

    NLP创始人班德勒曾用次感元处理过一个经典的个案，有个男人抽了几十年的烟，每次决心戒烟时他都很有信心，可是每一次都以忍不住点起烟而告终。班德勒没有告诫他抽烟对身体有多大的危害，而是应用NLP次感元的技术，问他想要的家庭幸福是怎样的一幅画面？然后他自己也看到了：家庭所有成员在拍一个大合照，自己子孙绕膝，尽享天伦之乐……班德勒给他看了一张因吸烟导致肺严重损害的图片，那张图片显然经过特别的处理，看起来特别的吓人，这个男人显然入戏了，在大脑里看到自己抽烟后的肺，从此他戒掉了多年戒不掉的烟瘾。

    艾瑞克森70岁那一年，有一天他接到医院的电话，说有个癌症患者，她的生命只有三个月的时间，医生为她打了大剂量的吗啡，可是这位患者仍然会感到剧烈的疼痛，于是医生想到了艾瑞克森，希望他有办法帮助到她，艾瑞克森答应了下来。第二天救护车把这位女士送到艾瑞克森的诊所，这是一位高智力、高学历且很幽默的女士，当她看到有着金黄色头发的艾瑞克森就说："Hi，孩子！"这位才52岁的女士称70岁的艾瑞克森为"孩子"，所以她真的是一个很乐观和幽默的人，接着她又调侃："我的孩子，你的催眠的话语到底对我的病痛有没有效果呀？因为医生已经给我开了很大剂量的药物，却很难减轻我的痛苦，孩子你能做到吗？"艾瑞克森看着她的眼睛："女士，我看到你的瞳孔扩张收缩，不断地扩张，不断地收缩，身体的疼痛就像刀刺在你的身体里面一样，伴随你的呼吸这个疼痛不断地刺痛你，所以我能理解。那么如果这个时候，在隔壁房间有一只精壮的老虎，它还舔了舔嘴巴，感觉很饥饿的样子，走向了你，接下来你就是它的下一个食物，你会感受到什么？""哦，天哪，我竟然感觉不到疼痛了，我的上帝呀，我得把这只老虎带回去，带回到我的医院。医生，我可以把这只老虎带回去吗？"艾瑞克森像跟孩子说悄悄话一样，故作姿态说："当然可以，可是你必须告诉你的护士哦，你得让医生允许你带一只老虎回医院。"这位女士又调皮地说："我可不想让小护士们知道，当她们问我痛不痛的时候，我就把这只老虎放出来，吓唬吓唬她们！"令人欢笑且叹惋的故事，这位幽默坚强的女士给我们留下深刻的印象，而艾瑞克森老师分明运用了次感元技巧。

学会用次感元还能操作思维改变对事物的经验，比如我们会有一些负面的记忆，沿着记忆会找到画面、声音和感觉，它们就待在大脑的表象系统中，让生活变得更为沉重。调整"次感元"是将经验重新框式，有意识改善经验的结构，降低负面经验的破坏性。在NLP技术中，次感元还有许多用途，用于身体康复、经验处理和设定愿景等。除了这个以外，通过空间想象力进行搜索、联想，将各个要素进行组合，在大脑里呈现真实事物的形状，帮助我们成为自己希望的人，来创建想要的未来。次感元有助于想象力的开发，将各感官要素结合在一起，以协同和激活新的构想。**大脑里没有想象力便黯淡无光，大脑里充满想象力，便处处充满希望**。热爱生活、富有梦想的人，总能够在大脑里比别人更敢于联想。

灵魂的星

——陈育林

光穿过黑暗凝结
星星渐渐合拢
开始无拘地玩耍
嘟着小嘴
那挥之不去至纯的样子
我爱你

我们用沉默代替情感
每日面对面地对视
有一天，我们相遇时
一眼就把你辨别
并把一切和盘托出

我相信，这颗带着灵魂的星
在阔大的宇宙中
真实独立，闪亮美丽
我们保持不间断的交谈
倾听与诉说
直到紧紧地相拥
直到慢慢地松开

（绘图：蔡司棋，11岁）

五、承受伟大的冒险

你要搞清楚自己人生的剧本，不是你父母的续集，不是你子女的前传，更不是你朋友的外篇。对待生命你不妨大胆冒险一点，因为你好歹要失去它。如果这世界真有奇迹，那只是努力的另外一个名字。生命中最难的阶段不是没有人懂你，而是你不懂你自己。

——尼采

人抵达人生的高峰时，内心也悄悄抵达了危机，往往对接纳新的事物保持消极。**在生命里发起更多的冒险，并以此为起点**，开始在一个碌碌无为或者稳稳当当的人生里，**打造一种全新的生命形态**。通过冒险去探索一种适合自己的道路，是实现人生成功与意义的实践与探索，也许改变的，不只是自己的命运，如果能够成功，可作为一种范例复制给更多在摸索的人。生命不是静态的存在，而是充满活力，需要不断积极更新，成为一股涌流的源泉。冒险是一次全新的开始，冒险是一份力量，一份让你延展生命地图的力量。通过卓越因素解码，看到成功人士是如何展开人生的，以及如何通过冒险来打造成功的事业。马斯克的人生追求是作为人类的先锋，探索人类在外星球新居住地；乔布斯当年劝说百事可乐总裁来担任苹果CEO的时候所说的话："你是愿意一辈子卖糖水，还是跟我一起改变这个世界？"通过那则著名的广告《think different》他告诉世人："因为只有那些疯狂到以为自己能够改变世界的人，才能真正地改变世界。"

【生命只属于探险家】

稳定固然带来安全与舒适，却失去许许多多的可能性；冒险固然带来风险和挑战，却收获变化与惊喜。乔布斯在一次接受采访的时候多次说道："你必须对你做的事充满热爱。"这完全正确，因为事情困难重重，如果你没有激情没有疯狂，任何理性的人都会放弃，真的很难，而且你必须在一段时间里持续去做这件事，如果你不热爱它，如果你做那件事没有乐趣，你不是发自内心地热爱它，你肯定会放弃的。实际上，大多数人都会那样，要是你认真观察那些成功者和那些没有成功的人，常常是那些成功的人都疯狂爱着他们做的事情，他们能在艰难时刻坚持下去，那些不疯狂爱的人就放弃了。从我们的内在核心深处探索热情、点燃热情、并把热情投放在这个世界，一定可以看到一个不一样的世界。

伟大探险家哥伦布曾经说过一句话："你无法横过海洋，直至你的视线有勇气离开岸边。"

哥伦布发现新大陆，是最为经典的名人探险故事。当人们谈论起美洲的时候，总是忍不住说道"克利斯托弗·哥伦布是第一个发现美洲的人"，"发现新大陆"也成为现代探索和发明的代名词。今天"哥伦布"的名字也俨然成为蕴含冒险精神的内涵：**先锋精神、渴望探索和勇迎挑战**。这也是航海家的精神由来。

克利斯托弗·哥伦布1451年出生于热那亚共和国（今意大利西北部）的一个工人家庭，是信奉基督教的犹太人后裔。哥伦布自幼热爱航海冒险，年轻时十分推崇曾在热那亚坐过监狱的马可·波罗，立志长大要当一个航海家，那个时候地圆学说很盛行。哥伦布先后向葡萄牙、西班牙、英国、法国等国国王请求资助，以实现他向西航行到达东方国家的计划，但在刚开始均遭到拒绝。直到1492年，西班牙女王伊莎贝拉慧眼识英雄，她出面说服国王斐迪南二世，西班牙王室也看到高利润的香料贸易，使哥伦布的计划才得以实施。1492年的第一次航行中，哥伦布在巴哈马群岛的"圣萨尔瓦多"登陆，在后来的三次航行中，哥伦布到达过大安的列斯群岛、小安的列斯群岛、加勒比海岸的委内瑞拉以及中美洲，并宣布它们都为西班牙帝国的领地。哥伦布的航海带来欧洲与美洲的第一次接触，并且持续开辟了后来几个世纪的欧洲探险和殖民海外领地的大时代，这些对西方现代文明和科技的发展有着不可估量的影响。1506年5月20日，哥伦布逝世。

当时航海技术不像现在这么发达，船在风暴里航行，波涛汹涌的海浪很容易把船倾覆，水手们会惊慌畏缩，哥伦布总是站在船艏指挥向前。有一次，水手们害怕，集体倒戈，警告他再不折回就要——杀了他，哥伦布的答复还是那一句话："前进啊！前进啊！前进啊！"实现自己的财富之梦，这是当时好多冒险家的价值理念。但哥伦布的冒险精神确实值得我们学习，**冒险开拓人的眼界，提升思维与认知，推动许多方面的革新**，为自己和世界带来新的机遇。

【触情易生诗】

任何伟大的成就，都是热爱的产物，没有热爱，就没有疯狂，也不会有创造。情绪高涨的时候，身体肾上腺素的不断释放，身心在密切接触感官的丰富且刺激的信息信号后，大脑和身体会下意识对影响自己的具体事物进行判断，强烈感觉的到来影响稳定的身心状态，从而到达所谓的"疯狂"的状态，人的创造力有时就像核能一样启动。疯狂和激情不是刻意做给他人看的，它是一件愉快并且自然而然的事，最后成全的就是让这份激情和疯狂进入肌肉里面。待外部刺激事件平息后，**身心组织就会收回行动的命令信号**，人的情绪没有发生太大的变化，刺激外部事物发生的创造力就不会发生了。

南宋著名诗人陆游一生笔耕不辍，有李白的奔放与杜甫的忧郁，他与唐婉的故事被后人称为真正的爱情，但也有人说是爱情悲剧。陆游和唐婉自小青梅竹马，琴瑟和鸣。20岁时陆游和唐婉结为夫妻，婚后两人成为情投意合的恩爱夫妻。但是陆游的母亲不喜欢一对小年轻儿女情长，只知吟诗作乐，荒误功业。加上结婚三年，唐婉始终不能生养，在母亲和封建礼教的逼迫下，陆游和唐婉分离。后来，陆游根据母命另娶王氏为妻，唐婉则改嫁给"南宋宗室"赵士程，从此音信全无，两不相见。

第三篇 场域心智

十年之后的一个春日，陆游在家乡山阴（今浙江省绍兴市）城南禹迹寺附近的沈园，与唐婉和赵士程夫妻意外相遇。昔日的情人虽分手已经十年，但是感情依然深埋在各自的心底。唐婉专门让人给陆游送去了自己亲手做的酒菜，一时间，陆游感触至深，情绪之闸一下子就打开，加上又喝了点小酒，触景伤情地在墙上写下千古绝唱《钗头凤·红酥手》：

红酥手，黄縢酒，满城春色宫墙柳。东风恶，欢情薄，一怀愁绪，几年离索。错，错，错！

春如旧，人空瘦，泪痕红浥鲛绡透。桃花落，闲池阁，山盟虽在，锦书难托。莫，莫，莫！

而当唐婉看到这首诗，感慨万千，想起过去的点点滴滴，竟然一病不起，最终因为闷闷不乐而离开人世。在病中，唐婉提笔写了《钗头凤·世情薄》：

世情薄，人情恶，雨送黄昏花易落。晓风干，泪痕残，欲笺心事，独倚斜栏。难，难，难！

人成各，今非昨，病魂常似秋千索。角声寒，夜阑珊，怕人寻问，咽泪装欢。瞒，瞒，瞒！

他们两个情感所碰撞出来的创造力就是他们情到深处所作的《钗头凤·红酥手》和《钗头凤·世情薄》。当陆游重回沈园时，看到眼前的景象触动伤心，人已离去，却睹物思人，于是忍不住写诗纪念逝去的爱。对于陆游来说，写诗的意义就是表达情感和思想，他借用情绪的力量把语言的创造力表现出来。**诗在表达和抒发情感的同时也参与了情感创造力的酝酿**。诗人是最敏感的人群，通常他们敏感的不仅是对爱情的渴望和人世间的悲欢离合，诗人还通过诗歌表现对国家前途和人民命运的担忧，如杜甫"朱门酒肉臭，路有冻死骨"。我也意识到，自己在内在情绪奔放的时候会变成外在的声音，变成诗来表达自己的生命呐喊。2016年，我去美国NLP大学学习的时候，正好经历创建中美NLP的第一次挑战，我的两个助手都离我而去，异国他乡又易患思乡之情，自然心生伤悲和忧郁，情到深处就写了好几首诗。

【平淡才是冒险】

别人会来局限我们，我们不要再为自己画太多的边界，放弃尝试和冒险，相当于把自己囚禁在阴暗的牢房里。不要赌自己会输，要赌自己会赢，人生最畅快的成长方式，就是突破自己的局限。美国哈佛大学有一项研究：乐观积极的人比悲观消极的人面对赌局更倾向下注。"投资之王"沃伦·巴菲特，大家更喜欢谈论的是他在财富上的卓越成就，可是你在网络上多看看他的一些视频，就会发现他是一个无比乐观积极的人。他在91岁高龄时，和"黄金搭档"查理·芒格在出席股东投资大会的时候，面对主持人的采访，他信心十足地表示现在的状态比任何时候都要好，并且调侃在98岁的芒格面前自己像一个孩子。有人问巴菲特，如何定义成功。巴菲特说：**"成功就是快乐，快乐就是安身立命之本。"** 财富对他来说已经不重要，重要的是他能够保持积极乐观的态度做自己所做的工作，他常说自己每天都跳着踢踏舞去上班，有一天不再吹口哨了，不再跳着舞步去上班了，他就会选择退休。冒险是冲出人的安全区，获得能力的成长和社会地位，这有利于男人吸引配偶。冒险能够提供人生的动力和动机，它的作用是给人提供快乐的奖励。**缺乏冒险的人无法真正开心，也无法很好地把握资源，获得使自己成功和快乐的机遇。**

特斯拉老板埃隆·马斯克说过的成功10条：

1. 永不放弃；
2. 充分享受你所做的事业；
3. 不要受别人的限制信念影响；
4. 要有冒险精神；
5. 做自己认为足够重要的事情；
6. 把注意力放在正向的事情上；
7. 寻找解决问题者；
8. 吸引志同道合的人；
9. 拥抱一个比别人好得多的产品；
10. 超级努力工作。

第三篇 场域心智

完形心理学有这样的理念：**冒险存活**。用冒险精神走了一条探索、创造的发展之路，通过冒险去除保守和恐惧，特别是在人生的愿景上面。某种程度上，人生就是一场梦想之旅，需要用勇气和灵魂来交换。对每一个人来说，**冒险成为压制平庸的力量**。更加纯粹的勇敢使人生的基石更加稳固，也会摆脱种种束缚，凭借自己的力量去改变未来，与其抱怨命运，不如依靠强大的潜能。生命本应螺旋式上升，越有挑战越多彩，稳定就是一种不稳定。《阿甘正传》电影里有一段经典台词：人生就像巧克力，你永远不知道下一颗是什么味道。不管我们从事怎样的职业，都有一个巨大的宝藏等待发掘，不要随波逐流。总有一天我们都会死去，死掉之后的事都看不到，但在活着的时候，想到自己曾经在人生中做过伟大的冒险，心里就很高兴。不要害怕失败，想要非常成功往往就要冒非常大的风险，敢于冒险才能从人群中脱颖而出。有时为了让人生翻盘，就得做一些别人不敢做的事情，**反败为胜最好的方式就是冒险**。

平淡才是冒险，人类的潜能能承受最伟大的冒险。不做任何事，没有行动，没有思想，没有情绪，只是在这个世界活过而已，就像"蜉蝣朝生而暮死"，无法真正地"尽其乐"。冒险不是一种全然的冒险，它诠释的是一种主观的行动，当你什么也不做时，快乐和成功从何而来？它无处可来，每个获得都是有原因的，因为冒险就是由各种思想和行动所组成的。一旦在人生中强调既有价值或现状的哲学，反对激进，宁愿采取比较稳妥的方式生活，安于平稳又无聊的日子会逐渐消磨人的激情，不再对新事物、新知识保持敏感，直到危险靠近已经没有还手之力，只能被迫接受生命的无聊、枯燥和危机。那些对生命主动发起挑战的人，为自己的人生寻找到突破口，慢慢活出灵魂的香气。聪明的人会主动出击寻求冒险与挑战。使自己生活更有突破性，使人生的体验更丰富。

其实冒险者并不反对稳定和平静的生活，冒险只是不逃避人生变化的规律，教你用一种智慧的方式，主动降低生活变成风险的中心。冒险反而让人的生命继续着，带着更多的快乐，带出更多的惊喜、更多的洞见、更多的创造力。但是如果你只是一个生命的旁观者，那么你只能看着你身边的人在表演。

创造力的艺术

刚开始学习神经语言程序学（NLP）的时候，我还是一名部队军官，当时特别惊叹怎么有这么美好的学问，我比班上任何一位同学都认真地学习，也在内心里偷偷种下导师梦：如果可以以一种真诚的方式将这门学问带给更多的人，也可以借此打开人生一扇大门。后来我决定从体制内辞职当一名培训师，虽然没有遇到太多的阻力，但是毅然把政府的铁饭碗丢掉，内在还是需要一些底气的。身边的朋友并不看好我，有些人会在背后说陈育林怎么可能成为一名导师，没有任何培训的经验，在部队的时候也是一个不善言辞的人。开始去走自己的"英雄之旅"时，会有很多的反对和嘲讽，内在也会有很多的冲突，那要投资很多的时间和金钱，而且并不可以确保成功。可是，我还是决定展开"冒险之旅"，对 NLP 这门学问充满信心，也对未来表现出乐观。这门学问可以帮助我这么多，它也一样可以帮助他人，只要用心去做，认真去传播就一定可以触碰目标和梦想，当时我是这么想的。人的一辈子蛮短暂的，有时候，计划赶不上变化，那就趁着自己还有健康和精力，多做一些冒险的事，**任何机遇的获取，都离不开勇敢的争取**。我为自己当初敢于冒险感到庆幸，随着事业不断地拓展，我让自己的认知和收入有了快速的发展，也一步步改变了我和孩子的人生轨迹。

著名存在主义心理学家罗洛·梅曾说过："创造性勇气则是对新的形式、新的象征、新的模式的发现，一个新的社会可能就是建立于其上的……"在《创造的勇气》一书中，罗洛·梅开篇陈列了多种勇气，而他最为荐赏的就是这种"创造的勇气"。当然冒险的后果不会没有，受限于勇气的力量让我们始终在机会上处于被动的状态，唯一的长治久安之道，就是驱逐内心的恐惧并全面倒向勇气。尽管人生的最终目的是幸福，但英雄主义是一团永生不灭的火，能够照亮前方的路程。**生命从本质上说应该就是一次探险，愿我们都饱含着"创造的勇气"，主动地迎向风险的挑战。**

我发誓

——鲁米

我发誓，因为看到你的脸
整个世界变成骗局和梦幻
花园是一脸茫然，不知什么是叶
或什么叫开花
心不在焉的鸟
不能区分鸟粮和圈套

爱的屋没有界限
存在比金星或月亮更美丽
美丽形象为镜子补上了心脏

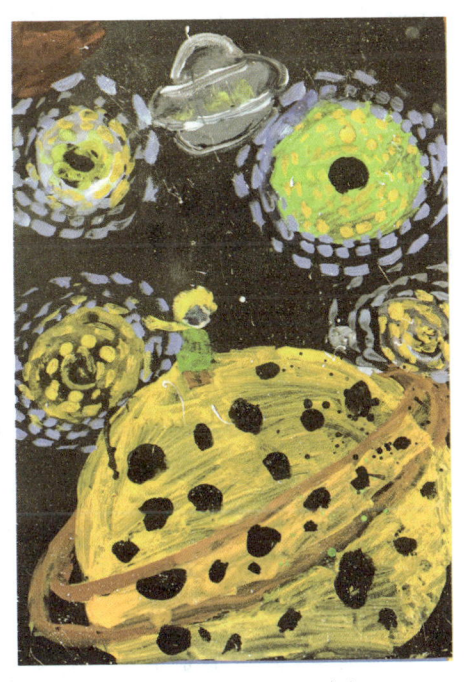

（绘图：朱芳磊，10岁）

六、你自己就是座金矿

你自己就是座金矿，关键是看如何发掘和重用自己。

——苏格拉底

资源指的是一切可持续开发利用的物质、能力和信息的总称，**由目前状态提升至理想状态的物**。每个人都能够通过"自我实现"开发自身的资源，它可以是"外在"或"内在"的，亦可同时存在于不同的思想层次。资源并不一定指金钱和权力，所有被需要的、有用处的都属于资源。人生目标的达成都是需要资源的，在我们的身上有思想、信念、价值观、语言、身体等资源，社会上的资源也同样为我们所用，外在资源有他人、关系、朋友和家人等。人建立开阔的资源观，广泛了解和运用内在和外在的资源，有效的识别和配置，激活和融合，在一定程度上，优化资源会破解人生许许多多的问题。

【资源委员会】

人习惯抱怨事情难、目标远，可对于为长远利益而着想的人而言，他们会战略性地把资源看作是理想和现实的结合体。获得成功的不单是所拥有的外在资源，而是信心、勇气和精神等，没有这些内在的资源，就永远不可能实现梦寐以求的目标。我们的内在都拥有美好和富足的资源，只是进入这些资源时常常显得困难重重。几乎 NLP 人都听过"每个人都具有成功和快乐的资源"这句话，第一次在课堂中听到这句话时，内心有一些小触动，但过后很少深刻地体会这句话。很可惜，大部分人都认为资源就是所谓的权力和金钱，有了这些一切都会变好，习惯活在一个把眼睛定在外部世界的心智里。**内在**

资源比外在资源多，内在资源比外在资源好，这是许多卓越人士亲身体验总结的。NLP实践多了，对人生感悟更深刻了，越来越明白这条预设前提的灵魂，我们自己就是最好的资源。当人认知低、信念不强、无价值和能力弱，就会不把自己的资源当成主体，这简直是一个巨大的浪费。

每个人都已经具备使自己成功快乐的资源

1. 每一个人都有过成功快乐的经验，也就是说有使自己成功快乐的能力。

2. 人类只用了大脑能力的极少部分，增加对大脑的运用，很多新的突破便会出现。

3. 增加运用大脑的能力，人类比以前更易把效果提升(现在已有大量的技巧发展出来)。

4. 每一个人都可以通过改变思想而改变自己的情绪和行为，从而改变自己的人生。

5. 每天遇到的事情，都有可能给我们带来成功快乐的因素，取舍全由个人决定。

6. 在所有事情或经验中，正面和负面的意义同时存在，把事情或经验变为绊脚石还是踏脚石，由自己决定。

7. 成功快乐的人所拥有的思想和行为能力，都是经过一个过程而培养出来的。在开始的时候，他们与其他人所具备的条件一样。

8. 有能力给自己制造出困扰的人，也有能力替自己消除困扰。

9. 情绪、压力、困扰都不是源自外界的事物，而是由自己内心的信念、价值观和规条系统产生出来的。

10. 自己不信有能力或只是有可能，是使自己得不到渴求的成功快乐的最大困扰。

近代心理学的世界发生了很大的改变，从以前的常见问题剖析改换为资源寻找。作为这个星球上最智能的机体，我们屹立于食物链的顶端，建立起伟大的文明。能够直观感受到的就是我们神经系统和思维的神奇，比如大脑由1000亿个神经细胞构成，相当于银河系内的恒星数量，大脑内的血管总长度达到16公里。人的大脑很可怕，科学家发现我们对大脑的开发还不足

10%，更有专家认为大脑目前开发只到1%，其余的大部分都处在休眠的状态，假如大脑开发到100%那会是什么样呢？诸如此类的感慨相信大家也听到过不少，却很少有人在知道这么神奇之后，告诉自己应该开始做点什么。

内在的智慧能化解掉所谓外在的问题，外在的问题正好是激发神经系统的信号，提醒了你：你该有一些创造力了。实际上神经细胞为了发展需要不断补充新的信息，而抗拒问题的到来是非常危险的，可能会产生厌生及人格扭曲这种失调症状。或许人生最可怕的地方，就是在短暂的一生中并没有发展出更新的神经系统。在正常的范围之内，一个人一生中大脑会产生数十万新的神经细胞，大脑若是偏向不承当思考和想象，神经系统的传导速度就会变慢。

【"身心语言"是生活经验的结果】

我们在成长过程中必然受到遗传因素和家庭环境的影响，形成属于自己的神经系统，我们也可以把它称之为"身心语言"。**人的"身心语言"是生活经验的结果。**正是这些"身心语言"的地图制约着思想、情绪和动作。其实不是现实本身决定着我们如何解释周围的世界，以及对世界做出反应，并非世界过于局限或别无选择，而是我们固定了"身心语言"。开发内在的资源，要从神经肌肉、潜意识的深层面来做工，只有释放掉神经系统的制约，动员和活化深层的资源，人生才会有真正的疗愈和改变。不然，不但失去许多机会，还很容易使神经系统的功能失调，只要有特定的时刻和外部环境，任何人都可能发生身心的崩溃。

问题的核心都是资源的有限，解决的方法就是把资源组织起来，组成资源委员会，在资源中互相照顾、互相保护。资源带来安全，一旦资源得到满足以后，人类就会主动地问自己，下一个要解决的问题是什么？**人类有巨大的发明能力**，这个是我老师的老师教会我的，我也把它分享给你们，我们看到的这个星球，有很多的苦难，很多糟糕的事情，为何会造成这样呢？这是心智模式沉睡的结果，在艾瑞克森的催眠里面，我们要重新来建构神经系统，用新的过滤器来构建所面对的现实。那么催眠作为一种更加深沉、更加正向、更具有创造力的一种方式，可以帮助我们重构出更正向、活泼、新颖和丰盛的现实。

生生不息的催眠理念像 NLP 里面的预设前提。第一，每个人都是独一无二的，每个人都有独特的天赋，如果稍微意识到，就能知道在这个星球当中没有一个人跟我们是完全一样的，每个人都是独一无二的。靠近、接纳并欣赏自己，找到属于自己快乐和成功的方式，不再是别人叫我们这样做或者那样做。就像艾瑞克森一样，他有很多的身体缺陷，可是艾瑞克森把它当作独特的天赋，比如耳朵听不清楚，眼睛会重影和色盲，甚至说不清楚话语。他每一天都在应用一些方法让自己像演员一样，把话说得更加精准，即使身体疼痛和瘫痪限制着他。艾瑞克森想：既然在意识层面没有资源帮助我，那就向更深的地方去寻找。

第二，我们的内在有许多尚未被挖掘的资源。这个部分在前面已经谈了很多了，生命是非常神奇的存在，活着就是一份很伟大的礼物，理应好好来善待并利用它，而不是忽视和制约它。把问题变成闪亮的珍珠，变成真正要去学习的一份生命技能，这是一个很重要的转折，把问题当作是生命成长和转向的契机。

大牙缝女孩的故事一定还记忆犹新吧，"牙缝比较大，丑死了，这一生注定嫁不出去，会成为一个老处女，我要干掉自己"。我们会觉得这个女孩子的想法太单一、太局限了吧！事实上，我们也有很多像大牙缝女孩的时刻，把困难和问题看得太单一，没有意识到问题背后的资源，这也可以解释为什么我们人生中会有那么多的问题。大部分人后来才慢慢顿悟，居然没有把"完美的自己"当作宝藏，而是把外在和他人当成了最好的资源，这个迟到的领悟要经历很多的痛苦，付出惨痛的代价，并进行深刻的反思才会得出如此的觉察和感悟。无论发生什么情况，也一定要把眼睛看向自己，这种敏锐的意识在生活中必不可缺。不少人眼看问题搞不定，就立即否定自己，甚至全盘否定自己，把本身也视为问题的一部分，这种轻率的态度，不仅使实现目标和愿景变得不可能，而且会给整个人生造成极大的消极影响。

用怎样的状态来连接资源，在之前已经有了探讨，不单是头脑的智慧，也可启动身体更深的资源，潜意识或者说是身体的心智。如何用一个隐喻来描述资源呢？就像感觉要坠落的时候，资源能很安全地接住所谓的问题，消融冰冷的问题，让黑暗的事物呈现出光芒。资源的美妙之处在于，每增加一份资源都会影响结果，这意味着：**无论做什么都要先把所有的资源尝试整合一遍，之后再去展开行动**。我们会发现以这样的方式似乎更容易找到出口，这就是我们要来探索的方向，或者说是需要达到的境界。

【只有朋友，没有敌人】

被困难卡住的时候，就是缺少资源的时候，先从自己的身上去寻，也可从他人那里去找。马克思说过，**人是社会性动物，人本质上是一切社会关系的总和**。人必须生活在一定的人际关系当中，只有适应周围的社会环境和人际关系，才能更好地生存。**人的能力都有一定的限度**，不可能是全能的，善于与别人合作的人，运用他人资源的人，才能弥补自己的不足，达到原本达不到的目标，从而走得更远。很简单的例子，你可能在一个领域研究得很深，但是你不可能在各个领域都精通，这是社会性的一种分工。人的时间和精力有限，导致人与人都无法掌握全部资源，既然我知道自己的不足，那能不能这样，我们和他人更好地玩在一起。

我曾在台湾著名的出版人、绘本作家郝广才的电视节目中听过他分享这样一个故事，可以给我们很大的启发：

2006年4月6日，一个普通的春日。在美国田纳西州，5岁的小女孩凯瑟琳坐在家里的沙发上看电视，正好在播放一部关于非洲疟疾的纪录片。看着看着，凯瑟琳突然数起了数："一、二、三……"一直数到三十，然后身体开始抽搐起来。她妈妈觉得很奇怪，关心地问她是不是发生了什么事情。只见凯瑟琳突然哭着跟妈妈说："妈妈，电视里说非洲那边每过30秒就会有一个孩子死掉，我刚数了30秒，已经死掉了一个孩子……我感到很难过。"妈妈看到女儿这样的表现，于是决定帮助她。妈妈从网上得知疟疾很容易通过蚊子传播，而那边的蚊帐严重匮乏，之所以匮乏，是因为非洲人很穷，根本买不起蚊帐。凯瑟琳知道后，下定决心要帮助这些孩子。然而她仅仅是一个

5岁的孩子，她要怎么做呢？她首先想到的是攒钱。没过几天，老师给凯瑟琳的妈妈打电话，说凯瑟琳最近的午餐费都没交，家里是不是发生了什么事情。于是妈妈找到凯瑟琳，问她到底把钱花在哪里了，凯瑟琳解释说她不想吃点心，也不想再买娃娃玩具了，她想买蚊帐捐给非洲的小朋友。妈妈被感动了，就带着她去买了一顶蚊帐。几经周折还真联系上了"只要蚊帐"的一个协会，成功把防蚊帐捐了出去。协会的工作人员为她颁发了一张谢卡，并跟她说如果一次性捐十顶，可以获得一张奖状。凯瑟琳很想获得这样的公益奖状，然而因为家庭条件不算宽裕，她只能自己想方法通过各种途径筹集资金。

一开始，她将自己家里的物品放到跳蚤市场上去卖，还到教堂里义演，发现所得不多。后来她想到捐蚊帐可以获得谢卡和奖状，那她同样可以通过发放谢卡和奖状来鼓励其他人购买自己的产品。于是她开始自备材料制作谢卡和奖状，终于凑够了10顶蚊帐的资金，如愿捐赠10顶蚊帐并获得了梦寐以求的公益奖状。

事情到了这里还远没有结束，当她知道自己的蚊帐被送到了非洲加纳斯蒂卡村庄，那里常年干旱，有550户人家……她觉得自己做得还远远不够，她需要筹集更多的资金来帮助他们。她开始通过义演、网络宣传等方式来号召更多人参与到捐赠蚊帐的活动中，很多人纷纷被这位年仅6岁的孩子所感动，开始追随她的行动。有一天，她天真地问妈妈，为什么那里的人们没有钱买蚊帐，钱跑哪里去了。妈妈说这个世界上其实有一些很有钱的人，他们在帮上帝保管这些钱，比如比尔·盖茨和巴菲特等。没想到凯瑟琳就给比尔·盖茨写了一封信："亲爱的比尔·盖茨先生，现在非洲的小孩因为没有钱买蚊帐而死掉，他们需要钱，听说上帝把钱交给您保管……"之后"比尔与梅琳达·盖茨基金会"为"只要蚊帐"组织捐献了300万美元。再后来，美国前总统克林顿和英国著名球星贝克汉姆也加入捐款的行列。

凯瑟琳通过自己的努力，充分挖掘并调动了一切她所能调动的资源，如今的非洲，有100万的小孩是她拯救的，一个村庄以"凯瑟琳"来命名。小小的凯瑟琳用实际行动证明，一切资源为我们所用，这是一个资源共享和互补的时代，能够与多少人合作就能成就多大的事业。只要你能去调动身边的资源，全世界都将为你让路！人千万不要低估自己的能力，低估他方的价值。

司马懿辅佐曹丕时，最大的对手是杨修，然而在杨修因"鸡肋事件"被曹操判死刑后，司马懿却主动请求曹操让他见杨修。曹操问他，"你不是和杨修是敌人吗？"司马懿这么回答：*"臣一路走来，没有敌人，看见的都是朋友和师长。"* 司马懿这一席话，让曹操从心底欣赏他。一个小孩搬石头，父亲在旁边鼓励道："孩子，只要你全力以赴，一定能搬起来！"最终孩子未能搬起石头，孩子说："我已经尽全力了！"父亲答："你没有拼尽全力，因为我在你旁边，你都没请求我的帮助！"

没有缺乏资源的人，只有缺乏资源的状态。 最好的状态就是把注意力放在开发自己更多的资源上，并有意识运用他人的资源，充分地与外界展开协作，通力合作取得最大效能的成功。我们同样也需要给他人提供正向性和动力性的资源，放大他人已经拥有的效能，促使对方获取更多的成功和快乐。*他人一切资源为我们所用，我们的资源同样为他人所用。* NLP讲究做事情要有支持力，支持力是双向的，把更多的支持力释放出去，就有更多的支持力随之而来，你支持到多少人，就有多少人支持到你。做事业必须坚持资源连接观念，资源之所向，凡事都能成。主动去帮助他人拥有更多资源，这也需要很多沟通技能的。如果没有看过我的第一本书《他人很重要》的朋友，一定不要失去这个美好的资源，是一份很有价值的礼物，整本书全是干货，不需要你用力地去转化，对于许多想改变自己的人而言，真的可以避免付出太多的代价才把人性看懂，可以多快好省赢得他人的资源。

发展的路上容易出现的错误大多是低估他人协助的力量，忽略了资源的整合，自以为扎扎实实做事情就能得到很多，却不知和他人资源有效的整合才可得到更多更多。我应常想想，我的短板是什么？他人有什么资源而我没有？切莫忽略和耗尽太多的资源，更不要把容易得到的资源给浪费了。别看它只是小开始，随着资源的进来，往往"柳暗花明"找到一个新的方向。资源整合一定主动发起第一个动作，而不是等着他人主动带来资源，其实资源往往就在眼前，人们只是容易陷在无谓的内耗里。生活中有很多平常的东西，恰恰是丰富资源的存在。我跟我的大儿子说："父母其实是你们最好的资源，

第三篇　场域心智

当你有了一个目标，我们都是全力以赴的支持者，如果你连跟爸爸妈妈都处理不好关系，那么其他资源在人生中你也很难获得。"所以，记得你不是一个人在战斗，无论我们人生处在怎样的阶段，努力去寻找更多的资源，找到你的资源团队，那是梦想成真最简快的方式。有人说所谓畅快淋漓的人生就是：

1. 拼尽全力。
2. 想尽所有办法。
3. 用尽所有可用资源。

在环境变动频繁又剧烈的今天，想打造一个可持续性的未来，不能关门自个搞发展。希望这个世界不单单是商业的交往，更是一个温馨与开放的空间，能让更多生命产生更多美好的链接，发生更多无限的可能。安全感并不来自"糟糕的事永远不发生"，虽然我们也希望如此，更现实的安全感，是相信糟糕的事就算发生，我们也能应对。在最后我想做一个小总结：**当你有足够的内外资源，一切都不是问题，问题是我们本身成为问题**。没有不好的状态，只有缺乏资源的状态，学会启动想要的内在资源；有意识地在他人那里提取资源，在他人需要资源的时候，透过支持力帮助他人有更多的可能性。

最后分享一首来自萨提亚写的一首诗：

使用你的资源
——弗吉尼亚·萨提亚

回到你原来的位置
吸取失败的教训
向前走
是一段未知的旅程
当你走向未知时
若能倚重自己的资源
你就会稳步向前

七、你的港口在哪里？

你要刻意离任何让你觉察到你还活着的东西近一点。

——小提琴家亚莎·海菲茨

巴菲特有一位为他服务了 10 年的老飞行员叫麦克·弗林特，巴菲特感谢他那么多年的"鞍前马后"。如果他的事业只止步于做私人飞行员，巴菲特觉得那是自己对他的亏欠。巴菲特问弗林特有什么职业目标，并希望能够支持他实现目标。巴菲特先让弗林特列举出自己未来想做的 25 件事，并选出最具重要性的 5 件事。接着巴菲特建议弗林特把全部的精力都放在这 5 件事上，弗林特感到不解，那后面的 20 件事情该怎么处置呢？巴菲特回答他：除了重点的 5 件事，剩下所有事情都应该不惜代价去避免。这就是巴菲特的"5/25 法则"。最后，弗林特按照巴菲特的指导，果断集中精力去做好前 5 件事情，并取得很大的成功。注意力所到的地方就是能量的地方，"5/25 法则"体现出了专注力的重要性，找出最核心的人生目标，避免做事情不够认真和不聚焦。

【梦想清单】

大脑常会出现虚构的画面和情景，大部分是来自潜意识的活动。法国著名思想家和文学家蒙田在《随笔集》中的一篇《论想象的力量》中，开篇就提出了**"强劲的想象产生真实"**，并列举了大量论据来证明这一论点。真实存在的事物，绝大部分都是先由大脑的构想而成，比如建筑设计师先要在大脑里描述大楼是怎样一个引人注目的造型，接下来就会由工人来完成这个设想。从某种程度来讲，现实是人在头脑中创造出的具象。比如我们开的汽车，

第三篇 场域心智

它是根据人大脑里的形象来制造的。因此，现实的成功一般是在大脑里一定的想象基础上完成的，未来有怎样的成功来临，首先考验的是在你头脑中有没有强烈的想象和渴望。

1940年在美国洛杉矶的一个平凡的家庭，一个15岁的男孩正在听自己的妈妈、外婆和姊姊一边织毛衣一边唠嗑。"哎呀，如果年轻的时候大胆去做那件事情就好了，"外婆说，"现在已经老了，假如让再活一遍，我一定选择……"这个15岁的少年，听完她们的对话以后，跑进厨房里面找出一张黄色的纸，用圆珠笔满怀雄心壮志地写下了"My Life List"（生命清单），一生要完成的127个目标。里面有：生5个以上的孩子、登上月球、开战斗机、攀登珠穆朗玛峰、主演一部电影、写一本书、背下《圣经》和《大英百科全书》、穿越亚马孙河等高难度目标。到2013年去世的时候，他已经完成了这127个宏伟目标中的110个目标，他就是人类史上最伟大的探险家、冒险家、人类学家约翰·戈达德。他一生所走过的路程可以绕地球四十圈，他攀登过世界上12座最高的山峰，横跨过世界上最危险的15条河流，他几乎去了世界上所有的国家。戈达德被凶猛的河马和鳄鱼袭击过，被毒蛇咬伤过，被埃及的河上海盗射击，他在超过华氏140度（摄氏60度）的沙漠中幸存，他还经历过飞机失事、地震、在激流中和深海潜水时四次差点溺死。

听完这个故事，相信许多人的内心会被触动，对目标的设定有更深的理解。目标是主导生命最重要的力量，目标设定也是NLP四大支柱中的一个的支柱，这些支柱支撑起NLP所有的方法论和技术论，也是NLP的价值观。人可以像伸展身体一样伸展目标，大胆地设定目标，积极行动，就有可能收获你想要的生活。1953年，哈佛大学做过一个非常著名的关于目标对人生影响的跟踪调查。他们对一群智力、学历、环境等条件都差不多的大学毕业生进行问卷调查，结果是这样的：

第一类人：27%的人没有目标；

第二类人：60%的人，目标模糊；

第三类人：10%的人，有清晰但比较短期的目标；

第四类人：3%的人，有清晰而长远的目标。

25年后，实验小组对这些调查对象跟踪调查，他们的职业和生活状况发生了很大的变化：

第一类人：是那些没有目标和规划的人。

几乎都生活在社会的最底层，生活状况很不如意，经常处于失业状态。

第二类人：在另外的60%，人生规划模糊的人。

几乎都生活在社会的中下层面，能安稳地工作与生活，但都没有什么特别的成绩。

第三类人：10%的有清晰短期人生规划者。

大都生活在社会的中上层。他们的共同特征是：那些短期人生规划不断得以实现，生活水平稳步上升，成为各行各业不可或缺的专业人士，如医生、律师、工程师、高级主管等。

第四类人：3%的有清晰且长远人生规划的人。

25年来几乎都不曾更改过自己的人生目标，并且为实现目标做着不懈的努力。25年后，他们几乎都成了社会各界顶尖的成功人士，他们中不乏白手创业者、行业领袖、社会精英。

最后哈佛大学的研究小组得出结论：**目标的设定是一个人成功或失败的决定因素**。目标会引导想法，目标会激发潜力，目标会成为注意力聚焦的方向。一艘船不知道要去那个港口，什么风对它来说都不是顺风；一个人不知道要成为怎样的人，什么人对他来说都不是贵人。人的行为都有目的性，从一个较宽的角度来看，我们也是在履行一些使命，那么我们的人生目标是什么呢？**请问属于你的生命清单是什么呢？**让我们也为未来设定更多激动人心的目标，确定目标前，内在要先充满意图的力量，意图是指比较清楚地意识到要争取实现的目标和方法，它通常以未付诸行动的企图、愿望、和理想等方式存在。意图本身是朝向积极而有意义的目标，而且会激活创造性意识。**如果没有意图，就会被问题占据空间。**

第三篇　场域心智

【目标设定】

第一，正向且积极的意图。正面的意图表达的方式，并不是以不想要的方式呈现，而是以正面积极的方式呈现。有一个经典的例子，当我们说我不要乌云，我不要乌云的时候，大脑的表象系统所想到的画面就会是乌云。我不要贫穷，我不要病痛，我不要失败……类似这样的表述还不算正向和积极。同时强烈的字眼容易被潜意识所捕捉，潜意识非常的敏感，它无时无刻不在工作，经常说出负面的语言，潜意识就会接收这样的一个种子，我们经常想到它和默念它，它就不断地长大，这个固定的心锚就植入得很深。换一种正向且积极的表达：我要太阳，我要太阳……乌云瞬间就会没有。表达所想要的，而不是不想要的。比如我想要富足、自由、健康和有意义的人生，正向简短有力，同时真诚地发自内心。语言的力量引起内在的共鸣，不只是在大脑的层面工作。

第二，目标要越具体越好。有些目标一开始是非常的大，也会有点模糊，把大目标分成阶段性的小目标，把整体分成序列来逐一达成，更有思路和步骤来完成它。当一个个目标被完成的时候，就意味着大目标正在实现。开国大将粟裕说过：**每个大的战役胜利都是来自每个小战斗胜利的累积。**仗还是要一仗一仗地打，不是说一下子就一定要打下整个战役，每个小的胜利都在促成最后大的胜利，战术上的成功会决定战略上的成功。设定完成目标的期限，**有关于时间都是有关于意志的**。这"目标"够具体吗？你与其他人将要做什么事？希望在什么时间、什么地方与谁共享此"目标"？人有具体的生活目标，时常都有新的动力，不会容易被那些唱反调的人所影响。

第三，完成目标的证据。感官越清晰越容易在现实中实现，目标具体是什么样子？它有怎样的视觉、听觉和感觉的证据？举个例子，若设定去西藏旅行的计划，只是泛泛地想一想，去西藏旅行可能要等一些时间才能达成。我们把到西藏旅行的感官证据显现出来：坐着火车或者走318公路，一路看从天上洒下来的阳光，以及像银盘子的纳木措湖、那湛蓝的大和镜面的湖，漫步拉萨城里面的八角街，跳一跳欢快活泼的藏舞，选一间街角的酥油茶店喝着热腾腾的酥油茶……当有了更多的细节，就有更多的心之所往，更想早

223

早去达成它。乔丹小时候就开始想着将来成为怎样一个备受人们尊重的球星；马其顿的亚历山大国王在年轻的时候大脑里就有清晰的蓝图，将来疆土要扩展到哪里哪里，成为一个比父亲更受人尊重的人。对目标描述得越加地清楚，就越知道自己的走向。在企业里老板的目标和远见也是雇员想要的东西，会引发他们对公司的未来投入更大的信心，这对顾客、供应商都是一种鼓舞。**愿景清晰的领导者对团队成员很有影响力，人们通常会在清晰的目标前更有行动力。**

第四，建立资源清单。资源承担着完成目标的后勤，在某些特定时刻，只要有特定的资源出现，任何目标都可能达成。随着目标的扩展，资源的增加，会减少遇到障碍的阻力，目标越大使用资源就越不能少。自从设定目标开始，所有的环节都对应着资源，提供稳定的资源支持，通过陪伴推动目标的有效实现。这几年我开始不断整理中美 NLP 走过的路，也对自己的成长进行复盘，也遇到许多预想不到的挑战，**每次沮丧之时，正是家人和朋友们的支持使我渡过难关**。列出一份所要达成目标的"资源清单"，你拥有越多的资源就越有选择的余地，就越能达到设定的"目标"。常常检视一份可以帮到你的"人、事、物"的列表，对状态的调整也是有帮助的，继续以更大的信心搞定各种问题。以结合的视角，看看达成这项"目标"还需要收集什么资源。列一张个人资源的清单，上面有所需的"金钱""人脉""物质""技术"及"个人的能力"等。

第五，系统平衡。成事必须具备两类条件：一类是有条件，二类是平衡。目标达成只是成功的一半，能否有稳定性的保持才是根本，许多人达到目标后，产生许多"副作用"。肖邦说过，生命中有两种悲剧，一种是得不到你心爱的东西，另一种是你得到了，说的就是达成的愿景和目标是否符合生态平衡，并不是当达成某一个目标的时候，身体失去了健康，或者失去了家庭，这都没有平衡性。目标所达成的结果应该是惠及自己、他人和社会，NLP 把它称之为"你好，我好，大家好！"有一些人也取得一定的成功，但是只是自己好，对他人也没做什么坏事，这样也不会有很大的成就。我们身处的是一个系统相连的世界，就像电影《狮子王》里传达的**"生命是一个循环"**的理念，生

第三篇 场域心智

命生生不息在于相互作用，没有人会单独生活在这个世界，与他人的关联性是必不可少的。追逐目标的同时要思考我与他人、与社会的关系，这也是天时、地利、人和的真谛。不要做为了自己伤害他人的事情，做不到就好好努力，破坏系统平衡只是死路一条，"三鹿奶粉"就是一个活生生的教训。平衡是一种共赢的状态。

第六，行动。Just Do It，展开行动。行动是达成目标重要的一环，展开行动的时候，就是离目标越来越近的时候。

越早知道自己想要什么，那就越早知道脚步该往哪里迈。**在人生中有明确的目标就有清醒的现实感**，知道需要做成什么事情，这也是我们来到这个世界应该做的事，**不然很容易偏离到无意义的行为中**。目标的设定可以重新拥有清晰的方向，确定想要寻找和选择的有效信息，时刻去觉察自己的行为模式是否有助于达到真正所期望的成果，及时在实践中纠正并灵活地调整思维和行为，最终找出更为有效的行为模式来增加靠近目标的可能性。没有人会抗拒有成果的目标，目标呈现出来的是对丰盛、喜悦和幸福的表达。不要推开对目标的渴望，那样能够帮助我们获得丰富的生命。

亲爱的，不要这么胆小好吗！

——陈育林

不要凝视我微霜的两鬓
那怎会是老去的证据
青春不是生命的早晨
年老也不是夕落的黄昏
若是没有爱的火焰
航海家驶入风暴般的果敢
那都只是虚伪的年轻
占着年轻却无法醒来
对于这种奢侈的浪费
过于委婉会让人断裂
迫不得已将忧伤灌满了眼睛
亲爱的，不要这么胆小好吗
怎么就这样睡去
文明我们可以不知
生命却不能不懂

（绘图：陈梓璇，9岁）

第三篇　场域心智

八、思考未来就是进化未来

海灵格说：**未来早已存在**。"未来"在显现它自己的时候，是透过心的引力吸引着某些事物向其靠近。在未来还没完全清晰和完整显现时，未来在做工，它的力已经存在，只是我们用肉眼看不到，以心方能感受到。"未来和我们仍然有一段距离"最终会不复存在，因为未来就在现在延伸，到来之前就已经在等待。举个例子：当有人在我们十岁的时候，问将来你要做什么，那刻看不到未来，或者不期待未来，但是时间带着能量，已经在当下就给未来一个位置了。**不管喜不喜欢设定未来**，**此刻都在酿造未来**。最终要如何来衡量创造力的价值？应该大胆地去描绘生命的蓝图，把创造力真正释放到未来中去。**思考未来就是进化未来**。

【遗憾最小化框架】

没有谁的人生是完美的，哪怕是最精明的人生规划者也没能避免。成功虽没有比较固定的标准答案，但有一种东西是恒定不变的，那就是沉浸式体验人生。连接未来如同在人生中架起一道桥梁，进到一个新的阶段，感受到信念的回报，勇气的重要，拥抱成就也拥抱美好的关系。愿景过于狭小、短视，觉知到未来的内容变成奢望，未来一步步在我们漠视下遗憾离去。

贝佐斯在创立亚马逊之前，一直在华尔街打拼，当他看到互联网的未来后决定辞职创业。老板对他想在网上卖书的计划发表自己的观点："你这个计划听起来是很靠谱，但这个事情更适合那些眼前没有一份好工作的人去做。"贝佐斯内心必然出现矛盾的声音，这让他举棋不定。为了在重大的关头做出正确的决定，他依据自己发明的"遗憾最小化框架"进行思考：如果现在已

创造力的艺术

经到了 80 岁，我要做出怎样的决定才会把遗憾指数降到最低？这个方法能提高人生的效率，面对一项不确定性的选择，有时候就是要先想到未来，这样不仅会提高效率，而且会降低遗憾。贝佐斯 1995 年创立亚马逊，现在成为世界上最大的线上购物平台，总市值超过 1 万亿美元，他也变成世界首富。

【时间线】

艾瑞克森在咨询中创造了一个"时间线疗法"，当时有一些来访者来到艾瑞克森的诊所，跟艾瑞克森说我没有足够的时间，没有足够的金钱，也没有足够的兴趣来做长时间的治疗，问有没有什么快速有效的治疗方案？艾瑞克森就会在催眠中把他们带到未来，在那里他们摆脱问题，实现自己的愿望。当他们从催眠当中出来，回到现实生活中有效地来处理自己的问题，并很好地朝向正向的未来。后由理查·班德勒和罗伯特·迪尔茨共同开发，我们把它称之为"时间线"，透过引导来访者用次感元探索未来和设定未来，**用未来目标引领当下的行为**，发生自动化和戏剧性的改变。美国著名 NLP 导师威廉·詹姆斯也独创性地发展出属于自己的一套"时间线疗法"。

【五年后你在做什么】

李恕权（David Lee），1957 年 9 月 4 日出生于中国台湾，美籍华人男歌手，绰号是"蚱蜢"或"蚱蜢王子"，他在中国台湾及美国发行过很多张畅销的音乐专辑，大家比较熟悉他的代表作应该是《每次都想呼喊你的名字》和《拥你在梦中》。他是唯一获得格莱美音乐奖提名的华裔流行歌手，也是唯一打入 Billboard 杂志 排行榜的华裔歌手，在他所写的《挑战你的信仰》一书中，讲述了一个成功的关键情节。

1976 年的冬天，19 岁的李恕权在休斯敦太空总署的实验室里工作，同时也在休斯敦大学主修电脑。促进学习、睡眠与工作，几乎占据了他大部分时间，但只要稍微有多余的时间，他总是会把精力放在音乐创作上。他知道写歌词不是他的专长，所以在那段日子里，他到处想寻找一位善写歌词的搭档，能够与他一起创作。他当时认识了一位常常鼓励他的朋友，她的名字叫凡内芮（Valerie Johnson）。年仅十九岁的凡内芮很有才华，擅长写作，在德州的诗词比赛中获得过许多奖项。

一个星期六，凡内芮热情地邀请他到家里的牧场烤肉。她的家族是德州有名的石油大亨，拥有庞大的牧场。她的家庭虽然极为富有，但她的穿着、所开的车，与她谦卑诚恳待人的态度，更让李恕权加倍地从心底佩服她。凡内芮知道李恕权对音乐的执着。面对那遥远的音乐界及整个美国陌生的唱片市场，当时李恕权一点资源都没有，更不要想在音乐界出人头地了，所以他常常也为自己的未来感到迷茫。他们两个人坐在德州的乡下，凡内芮突然间冒出了一句话："What are you doing in 5 years？"（想象你五年后在做什么？）

李恕权愣了一下，不知道怎么回答。凡内芮转过身来，手指着他说："嘿！告诉我，你心目中最希望五年后的你在做什么，你那个时候的生活是一个什么样子？"

李恕权还来不及回答，她又抢着说："别急，你先仔细想想，完全想好，确定后再说出来。"他沉思了几分钟，开始告诉她：

第一，五年后我希望能有一张很受欢迎的唱片在市场上发行，可以得到许多人的肯定。

第二，我要住在一个有很多很多音乐的地方，能天天与一些世界一流的乐师一起工作。

凡内芮继续问他："你确定了吗？" 李恕权慢慢地回答，而且拉了一个很长的 Yessssss！凡内芮接着说："好，既然你确定了，我们就把这个目标倒算回来。"

"如果第五年，你要有一张唱片在市场上发行，那么你的第四年一定是要跟一家唱片公司签上合约。"

"那么你的第三年一定是要有一个完整的作品，可以拿给很多很多的唱片公司听，对不对？"

"那么你的第二年，一定要有很棒的作品开始录音了。"

"那么你的第一年，就一定要把你所有要准备录音的作品全部编曲，排练就位准备好。"

"那么你的第六个月,就是要把那些没有完成的作品修饰好,然后让你自己可以逐一筛选。"

"那么你的第一个月就是要把目前这几首曲子完工。"

"那么你的第一个礼拜就是要先列出一整个清单,排出哪些曲子需要修改,哪些需要完工。"

"好了,我们现在不就已经知道你下个星期一要做什么了吗?"凡内芮笑着说。

"哦,对了。你还说你五年后,要生活在一个有很多音乐的地方,然后与许多一流乐师一起忙创作,对吗?"她急忙地补充说。

"如果,你的第五年已经在与这些人一起工作,那么你的第四年照道理应该有你自己的一个工作室或录音室。那么你的第三年,可能是先跟这个圈子里的人在一起工作。那么你的第二年,应该不是住在德州,而是已经住在纽约或是洛杉矶了。"

1977年,也就是次年,李恕权辞掉了令许多人羡慕的太空总署的工作,离开了休斯敦,搬到洛杉矶。他开始把精力放在自己喜欢的音乐事业上。1983年,他的唱片在亚洲开始畅销起来,他一天二十四小时几乎全都忙着与一些顶尖的音乐高手日出日落地一起工作。

每当李恕权最困惑的时候,就会静下来问自己:"恕权,'五年后你最希望'看到自己在做什么?如果,你自己都不知道这个答案的话,又如何要求别人为你做选择或开路呢?"

李恕权后面感慨道:别忘了!在生命中,上帝已经把所有选择的权力交在我们的手上了。如果,你对你的生命经常在问为什么会这样、为什么会那样的时候,你不妨试着问一下自己,你曾否很清清楚楚地知道你自己要的是什么?

1945年7月,在第二次世界大战即将结束之际,万尼瓦尔·布什(Wannevar Bush)的《科学:无尽的前沿》(Science: endless frontier,简称布什报告)发表,这篇报告是应罗斯福总统的要求而写的,把发展科学技术作为美国战后建设的一个核心任务提出,为战后美国科学技术的发展指明了方向,成为美国科技政策的蓝图和里程碑。使得美国迅速摆脱对于欧洲基础研究以及科研人才的依赖，成就了美国今日的科技强国地位，也永久改变了人类科学发展的格局。让我看懂一些优秀公司由来、科学发展的路径以及其未来的走向，给我很大的启发和鼓舞。我更有决心把中美NLP建设成卓越的企业，培训教育要提升以终为始、科学策划的思维。让未来为我们而来，就是在未来方向设定伟大的目标，坚持做好基础性的学习和研究，保持好自己的优势，慢慢地跑，创建更系统科学的团队，一步步走向成功，有一天你在专业上的优势也无人能追赶。

【正向经验联结】

心理学家花了很长的时间在研究人如何快乐以及健康，他们发现要获得快乐和健康，最重要的元素就是先与自己有正向的关系，包含正向的意念、正向的经验，正向的人际关系，和正向的意图目标等等。在趋向目标之前，一旦与正向失去了联结，就很容易被卷入到负向的对话里，在负向的意图当中，正向的能量就会被消耗。如果让你的大脑去想曾经经历过的一次很糟糕很失败的事件，是增加了机会呢，还是减少了机会呢？

在催眠里面，我们喜欢这样问：你的正向意图是什么？或者说今天有怎样的正向目标？每一个人都希望自己在目标上面取得成功，以怎样的方式趋向设定的目标，也就是目标达成最好的开始，以什么样的状态开始，往往就是以什么成果结束。能够以正向的状态去朝向正向的目标，那当然是一件很美好的事情，遗憾的是许多人常常忽略以怎样的状态，趋向所设定的正向目标。这就是我们强调的事情，**开始状态比结果目标来得更加重要**，一旦失去正向的状态，就很难取得正向的目标。有人可能会说 Yes，这个我懂，那么你知道其中的原理吗？

【负向经验累积】

下雪天,麻雀跟鸽子在一棵树上相遇,麻雀问鸽子："一片雪花有多重呀？"鸽子跟麻雀说："没什么，不用计算！"没过几天，麻雀和鸽子再一次相遇，

创造力的艺术

只是麻雀的右肩膀多了个绷带。鸽子就问麻雀："你怎么受伤了？"麻雀说："那一天我待在一个树枝上面，当雪花落在我身上的时候，想起你跟我说一片雪花没什么，不用计算，我就开始数雪花片 1、2、3……100 片真的没啥，200 片有点重了，到 500 片我感觉蛮重的，可是想起你说没什么，然而当雪花落到 1000 片的时候，树枝就断了我也随之摔落下来，就这样我被摔伤了！"这是一个隐喻故事，我们没有能力从负面的事件抽离出来，任由负面的情绪不断地累积，有一天我们就会像麻雀一样，被那一片片似乎不经意的雪花所压倒。所以，当雪崩的时候没有一片雪花是无辜的，每片雪花都不会太重，但每片雪花都在累积重大问题的出现。不开心的事都不是小事，尽量想着开心、正向的事，只要我们持续叠加正向的经验，困难就不会击垮我们，我们也能找回快乐的自己。

还记得艾瑞克森恢复身体的故事吧，当他身体不能动弹的时候请求潜意识，潜意识给到他一个正向的画面：小时候用手摘苹果，也有跟兄弟们玩球的景象……接着艾瑞克森不断与这个正向的画面连接，最后他的身体慢慢地复苏。我们都有一些属于自己的正向经验和状态，无论是大的或小的，只要去连接它，想起一些美好且正向的经验，都会给神经系统带来正向的促发。与其连接不好的经验，不如放下心中压力，从容地过好每一天，连接着美好的经验，步履不停地一路向前，美好的目标自然向你奔赴而来。我的正向连接有跑步、冲浪、露营、写作和祷告等。比如我要上台演说时，连接冲浪时的勇敢和快乐，神经系统就立刻帮助我激发状态。我们不可能时刻都有好的状态，然而可以常常连接正向的经验，利用这种正向经验的连接、扩展正向的意识流经神经系统。首先找出正向经验的具体感官细节，潜意识真的很喜欢细节，尤其是彩色的画面，最好 VAK（视听触）都有。跑步时我比较深刻的三个感官细节：一群群鹭鸟翩飞在湖心岛上、脚步声和鸟叫声以及肌肉充满活力的感觉，想起感官的细节就是连接的开始，身体细胞自然和正向经验进行共振。

正向经验的连接要像讲故事一样地思考，如果只是说：有一个叫陈育林的男人，他在公园里面跑步，他很快乐，然后就结束了，那这个就不是像写

第三篇　场域心智

书一样的思考，写书是有具体的细节：跑步的时候，美丽的湖面泛起微微的涟漪，鹭鸟翩飞在湖心岛上，嗷嗷的叫声就像回家的招呼，夕阳下脚步不断地向前迈出，跟地面摩擦的声音就是生命前进的信号，感觉鼻子呼吸着清新的空气，每个细胞都在跳舞……接着把这些感官细节带入身体当中，像一颗颗种子在身体里爆开，左右上下不断的发送，确保连接到一个积极且正向的经验。身心会对于正向的经验进行具象化，过去以为只有从当下去建设正向的状态，以至于建立正向状态的能力比较弱，有人连接负面的经验比连接正向的经验的能力还要强，**将大脑交给负面的经验之后，所有事物的发展都变得非常的难。**

时间线模拟未来：

第一步正向经验连接。找到一个可以左右走动的空间，想象有一条时间线在你前面，确认哪边是过去，哪边是未来，站在现在的位置。做几次深呼吸，当你吸气的时候，感受到肌肉的紧张和挤压，呼气的时候将紧张和压力释放出去。回到身体的中心更好地连接内在的正向经验。

第二步投放意图。站到时间线现在的起点，闭上眼睛面向未来，在大脑里面开始向未来投放正向的意图，从内心出发，在身体细胞四周扩散，未来的目标实现的时候有怎样的画面？有什么比较留意或者比较强烈的颜色？看到了哪一些人？听到了什么声音？内在有怎样的情绪？让成功的目标变得明确，注意力继续聚焦在情景中。在内心里面自信地告诉自己：我可以实现它，我可以创造它！呼吸，将这些画面、声音和感受吸到我们的身体细胞，感觉到自信的感觉，挺起胸膛，今天是一个重要的日子，记住日期和地点，对自己说自己的名字，生命中重要人的名字，孩子的年纪，伙伴的现状等，真心问自己：我生命中最渴望的正向意图是什么？

第三步学会成长。向前迈出一步，万事起头难，欣赏一下自己的勇气，不知不觉我们已走进了社会，虽然还没完全想好离开家要怎么生活，但是开始学会独立，学会成长。一个人去到陌生的环境，遇到陌生的人，一切注定都不是很顺利。生活的挑战更多了，还有一些陷阱，有时根本没有能力做出反应，多多少少受了一些伤，开始变得有些怨天尤人，但你知道应如何来改变自己，不能够改变发生在我身上的事情，但有能力改变反应。面带笑容，还有正面的情绪，没有放弃，选择继续前行。

第四步穿越障碍。从哪里摔倒就从哪里站起来，再往前走一步，可能碰到更多的障碍，但对现在的你来说，这些障碍已经习惯，更明白要成功一定要付出，这个方向是我自己定的，不是由我来走，又会是谁呢？黎明前的这一刻，谁是你身边最支持你的人，他曾经给你说了怎样鼓励的话？在内在也表示感恩，已经拥有更多的资源，不管人们如何继续批评，但你已经变得更成熟了，所有的失败只是回馈好的信息，于是接纳并改变。失败也是资源，曾经在最没有资源的状况下，自己在内在走出一条心路，也有迷茫，也有不可挽回的损失，但是这是正常的，因为我们也是第一次来到这个世界。走到这里并不容易，差点在岔路口走错了路，虽然曾经想放弃，感谢勇气、良善和正直的自己，带着一份简单的相信前行。

第五步看见彩虹。成功总在失败之后，阳光总在风雨后，今天站在阳光的地方，是因为一路风雨兼程，奇迹由谁创造的呢？有哪些核心的线索跟这份成功相连？什么是最有力的证据？感觉一下此时身体内在状态是怎样？找到和这份资源相对应的关键品质：颜色、声音、身体感觉等，把资源全部吸进身体，成为更深的记忆。闭着双眼允许感情流露，回顾过去具有挑战的情景，你是如何能够保持坚定，再次感受一下身体的感觉，欣赏优秀的自己并自我对话：因为我知道我做得到，因为我知道自己会成为他人的典范，并且现在更加明白，我的能力不止于此，还有更多抱负，有更远大的梦想。把头微微地向上抬看得更远，来不及庆祝，我们又到了下一个路口，又会创造什么样的奇迹呢？我可以为家庭、社会、国家和世界做出怎样更大的贡献？我的人生充满无限可能性，但有一样东西是没有选择的，那就是人生只有一次，没有拼尽全力，人生还会有遗憾！

第六步走向成功。邀请你再向前迈出一步，继续聚焦在成功的画面里面，让这个画面变得更加的清晰，更加强烈地触碰未来，感受内在的情绪和话语，更加地惊叹自己有如此的勇气来到这个地方。想象一下成功的时候受到怎样的对待：人们会如何来感激你对他们的影响，家人会如何骄傲地谈论你，孩

第三篇 场域心智

子到你身体的哪个高度，爱人如何骄傲地看着你，无形中我创造了哪些外在的物质……深呼吸，让这份自豪感在内在扩散……接着邀请你再向前跨出一步，感受到身体在发光，感受有一个巨大的能量球包围着你，像美丽的太阳，你成为了光。让光继续笼罩自己，同时将手打开向这个世界分享光，感觉有很多人在接受你的光，你做出独特的贡献，找到自己的使命，并诠释了生命真正的意义，你成为自己人生当中的英雄，深呼吸，继续感受。在内在对自己说：我做到了，太棒了，我是梦想家，把梦想编进我的现实。同时深呼吸，把激情和成功的感觉深深地吸进身体里，我是与生俱来的冒险家，过去的挫折曾让我退缩，但一切都已经过去了，我完全有能力面对所有的挑战。睁开眼睛与身边的朋友相互祝贺。

【三种正向意图表达】

雨果说：没有比梦更能实现未来了，今天先要有个骨架，明天便可以加上肉和血。为了实现愿景，使命是什么？可以为此提供什么独特的贡献？当实现愿景，完成使命的时候，你是谁？你实现了什么？拥有了什么？你的身份是什么？谁是你的伙伴？当我们想要让生命更加成功，必须对某样东西倾注意图，如果没有，就要去找，直到找到为止。去做热爱的事物，找到渴望的事情，就是内心意图的表达。**与未来接近的标志就是拥抱意图，就是找到并表达成功的方式**。就像想念心爱的人，会在大脑里想象他/她美好的画面，会不由自主说出甜蜜的情话，更靠近和欣赏他/她的身体。我经常刻意在潜意识里设定一个正向意图：傍晚的时候，爱人跟大儿子在前面并肩前行，我和小儿子在后面有说有笑，我们一起走在回家的路上，一家人永远在一起。我把这个画面带入身体当中，由神经系统去链接，并且交由潜意识去创造。

把正向的意图放进潜意识里面，需要启动三种表达正向意图的方式：**口语表述、画面呈现和身体模型**。

第一，口语表述。用五个正向的词语来概括表述正向意图。不要超过五个词，我们不是讲故事，一旦开始讲故事一不小心就可能陷入负向的催眠当中。

比如说我在生命当中最想创造的是：自由、健康、富足、幸福和意义。

第二，画面呈现。当正向的词语流经我们的神经系统，潜意识一般会出现画面，把这些画面描述出来，潜意识喜欢彩色的画面感，会自动产生导引。

第三，身体模型。意图设定跟身体模型有很大的关系，潜意识喜欢全身的感觉，身体动作的呈现会把正向意图植入神经系统里，使大脑与身体携手共进。大胆呈现和塑造身体正向的模型，正向意图若只是仅仅存留在头脑里，很容易被障碍打回原形。

职业习惯让我对人的口头语言和肢体语言很敏感，口头语言是一个人信念、价值观的外显，肢体语言则看出一个人神经系统被环境长期塑造的证据。主要是成长经验中需求没被满足而导致的情绪、感受和身体模型，这种身体模型会被带到成年后的生活中，影响健康、关系、感情和工作，甚至左右我们所做的一切，在现实生活中制造各种各样的问题。成年时期的身体再不打开，被压抑的情绪再不被满足，意图就逐渐消失得无影无踪。若你问我"中美NLP学院"的正向意图是什么？我会说"中美NLP学院"最深的意图是：成功、广阔、价值、工匠和愿景。在潜意识里我看到一个像太阳的光圈，充满了温暖和能量，不断向四周发射光芒，身体模型是向上打开双手，两脚分开比肩微微宽一点。

接下来大家跟着我做个小练习：在生命中，你最想创造的是什么？不要急于说出来，小心翼翼地说出五个词，伴随着呼吸，把五个词深深地吸进身体里，并向潜意识发送。伴随而来的画面是怎样的画面？有哪些比较明显的色彩？静的还是动的？有哪些具体的细节？将正向的意图和彩色的画面发送到身体更深的地方，身体感受到什么？身体会用什么样的模型来命名它？用全身的神经来感知正向的意图，把它深植在潜意识里，生根、发芽、结果……同时用身体的语言呈现出来，发展出最好的身体模型跟内在的意图相连。

有些不喜欢的事情出现，我们要为此负责，原因在于亲自为它设定了意图。假如你问我：育林老师你会不会变坏呀？我的回答是：我会的！我是认真的，若是没有把注意力给到我的学问，给到NLP和催眠，没有正向的意图，我就会变成一个没有自律性的我，甚至是邪恶的我。而有正向意图的我，在成为一名合法公民的前提下，可成为一个有觉察力的"疯子"，有更多的创造力，探寻到生命的美丽。在深深的意图中，神灵会显现同行；在深深的意图中，会有火花点燃，荣誉和狂喜会包围着你。

用生命影响生命

——泰戈尔

把自己活成一道光,
因为你不知道,
谁会借着你的光,
走出了黑暗。

请保持心中的善良,
因为你不知道,
谁会借着你的善良,
走出了绝望。

请保持你心中的信仰,
因为你不知道,
谁会借着你的信仰,
走出了迷茫。

请相信自己的力量,
因为你不知道,
谁会因为相信你,
开始相信了自己……

(绘图:杨轶,7岁)

九、服务他人才是希望的生命

这一生的意义是什么？为什么在这？从何而来？又要去到哪里？为了了解生命的本质，需要扩大意识的范围和规模，推动自己和他人去到更大的空间。为什么要做一些生命的选择？因为许多人只是假象的完整性，灵魂还是处在沉睡的状态，没有自由地活出来，生命最终一定会转身报复。**人生唯一的选择就是自己做出的选择**，意义是经由我们来决定的，带着能力、信心和精神一步步走向愿景的过程，就是要不断跟曾经稚嫩的自己告别，也许会感到孤单，经历痛苦，有时候我们不得不做一些让人生翻转的事情，勇于攀高远航，领略生命之火的炫目明亮。

【神经逻辑层次】

"理解层次"（Neuro-Logical Levels），全称"神经逻辑层次"，也叫"思想理解层次"，被称为NLP技术当中的"拱心石"，它是神经语言学（NLP）最顶端的部分。"神经逻辑层次"最早是由人类学家格雷戈里·贝特森为行为科学的心理机制提出来，理论背景是以伯特兰·罗素的逻辑和数学。罗伯特·迪尔茨在1990年提炼和发展出来，记得在美国学习时，有学员问了罗伯特·迪尔茨这个技术的由来，当时他说到自己无非是站在了巨人的肩膀上，并不认为自己一个人可以独揽这个技术。

贝特森确定了学习和改变的四个基本层次，每个层次包含的元素都来自于它下面的层次，自下而上的每一个层次都会对个体、组织或系统产生冲击力，**不同层次化的思维和精神是人内核进化的重要方式。**"理解层次"的原理，恰到好处又精准，提供了提高思想和能力的工具。"理解层次"是"生命法则"

创造力的艺术

而并非简单的数学原理，诠释了天道和规律，真正了解它的内涵，会自动进行有效的反思和能力提升。"理解层次"能帮助人们如何从底层上升到顶层的模式，是来自生命的发问，也是人类共同的思考。我们深感生而为人比其他动物都更加高级和神奇，就是以理解层次最为象征。"理解层次"是为人量身定做的精神提升技术，让人们远离迷茫，欣赏到思想独特的美和维度，对如何构建人生的意义会有思考，而背后依托的其实是人的神经物理系统。

神经逻辑层次是由以下神经物理结构的"等级"构成：

环境：神经末梢系统——感官和反射作用。

行为：运动神经系统——有意识的行为。

能力：大脑皮质系统——半意识化的行为（眼睛的活动，姿势等）。

信念、价值观：边缘系统和自主神经系统——无意识的反应（如：控制心率，瞳孔变化等）。

身份：免疫系统和内分泌系统——整个神经系统，深层生命维持功能。

精神（系统/灵性）：是全方位的——每个个体的神经系统组合在一起，从而形成一个更大的系统。

格雷戈里是位数学家，也是人类学家，他认为人类在理解事物的时候会用到不同的神经系统。首先，大脑不是唯一的学习器官，神经是一个十分复杂的系统，且根据不同的思想触发不同形式的神经系统。我们以为行为和精神锻炼以及激活的神经系统都是相同的，然而，看不到神经系统的内部工作，不太重视神经系统的培育和养护。神经系统是机体内起主导作用的系统，数十亿神经元的复杂活动，构建了人类意识、感知、思想和行为的生理学基础。人体是一个复杂的机体，各神经系统的功能不是孤立的，紧密结合且相互依赖，保证内部的平衡。人在不同的理解层次，意识的变化必然影响到体内的各器官和功能的变化，因此，确保神经系统能高度地发展。"理解层次"不仅可以成为生活的指导，而且可对机体进行全面控制和调整的重要环节。

神经逻辑层次

【身份校对人生】

举个例子，读书看似一件再日常不过等事情，却有不同的境界和理解，透过"理解层次"能看到不同的意义层次。"环境"：无聊随手拿起书看；"行为"：摆个姿势翻几页，心思不在书上，无法入脑入心；"能力"：阅读文字，甚至画一些线做一些笔记；"信念/价值观"：认真看书并深刻思考，汲取作者的思想；"身份"：我是一名阅读者或终身学习者，人要不断地学习；"精神"：要帮助到更多的人，将我的生命奉献出来，因为我的变化和成长，帮助到更多人的生命。不同的理解层次分出不同的思维和意义，人与人的不同很多就在这个地方。就如王尔德在小说《道林格雷的画像》说的：漂亮的脸蛋有很多，有趣的灵魂很难找到。后来大家喜欢说"好看的皮囊千篇一律，有趣的灵魂万里挑一"。好看的皮囊是一种优势，但更高的思想境界会让一个人生命持久弥香。人单单适应环境而生存是很普遍的，在环境中没有任何作为，像寄生虫一样活着也大有人在，透过能力让生活变得更好也是一种优势，人生还是要去追求更高的目标和意义，透过活出信念，让人看到信心和价值观之美，即使处在毫无希望的境地，面对无可改变的命运，仍然活出很好的生命状态和意义。精神层次高的人一般不会过得浑浑噩噩，一生也会有大的作为，对社会也有大的贡献。

神经逻辑层次各个层级的含义：

1. 环境（where）："环境"层级是最初级的，通常是指我们所处的外在环境和条件，主要包括时间、地点、人、事、物。这是人的基本思考，接着开始有更高的思想。

2. 行为（what）：是指在环境中做什么和没做什么？

3. 能力（how）：是指人同样的环境中，能力的实际发挥。这个层次涉及一个人在某个领域的技能，能力越强选择越多。

4. 信念、价值观（why）：指的是为什么做？相信什么和不相信什么？代表了做事的意义，什么是重要的，什么是不重要的？

5. 身份（who）：我是谁？身份是一个人在内在对自己的认同和社会的

重要面相，身份有它不同的剖面。

6. **精神（who else）**：也称系统，这是心灵层次的问题。除了我还有谁？即我与世界的关系和影响，我要如何实现生命的最终意义？

　　透过"理解层次"可以校对自己的人生大厦，通过由上而下审视自己的宇宙观、世界观和人生观，打造属于自己的人生指南针。"理解层次"下三层偏向显意识，可分出能力的差距，趋向目标有不同的行为和做法，这关乎到策略，能力也是一个人的特长，有独特的能力意味着已经超越许多人了。上三层更多在潜意识层面工作，当赋予事物一定的价值和意义时，牵引人的能力和行为，也会改变和超越环境。身份是使命之所在，成功可以从这里筹划，想要确定我们将来成为怎样的人，最简单的方法，就是明确一个身份。这意味着，找到自己和他人喜欢做的事，能够从现在开始，做跟这个身份有关的事情，发展相应的能力，树立相关的信念和价值观。**身份就是一种催眠，是通往未来的大门**。每年春节的时候人们会从世界各地，不远千里地回到自己的家，跟家人一起吃个团圆饭，这是身份的一种力量，不是在显意识层面工作。我是谁的儿子或女儿，我是孩子的爸爸或者母亲等等，是来自潜意识层面的运作。

　　人在成长的过程中，需要获得很多的价值感，被肯定、被爱和被看见，那他的内在一定是没有一个稳定的身份。身份本身就是一个非常有效的正向心锚，人若找不到自我，就不会倾向去奉献，没有身份确定感的人喜欢索取，喜欢他人的关注，也帮助不了他人。思考这一生到底要成为谁，就相当于在寻找使命，容易触及最高的精神层次，超越自我为他人做事，找到属于自己的身份，也是自我的疗愈，自我价值感提升了，与世界的关系就自然而然变得和谐。人生的意义和价值可以被分层次的，**把大部分时间和精力放在深远、有意义的事情上，**累积出来的成果自然会把人推至理想的高线上。

　　举个例子，如果我要成为一名有影响力的导师，信念是世界因为我而变得更加的美好，价值观是对学员毫无保留，带着这样的信念和价值观会引导出能力，需要不断地研究NLP的技术，把每个技术变得更加的易懂；当我具备这种能力的时候，需要一些行动和计划，在环境当中就知道哪些资源可帮助实现这个目标。"理解层次"有效地帮助策划出一个具有价值和意义的人生。在线下课程中我们会使用所谓的"空间心锚"来激活和整合不同层次的体验，体验过的学员已经发现这是一次非常有能量的体验，也是把自己带入"模拟未来"的有效工具。下面就是在课堂上的一次"理解层次贯通法"练习示范：

【"理解层次"练习实录】

这是专业执行师课堂上一次"理解层次"练习实录，被引导者是一名优秀的家庭教育辅导师和青少年心理咨询师。

准备：用六张纸写上各理解层次的名称，放松联结正向经验。（以下 A 代表导师，B 代表学员）

A：首先，我邀请你在前面设定出一条时间线，依次把理解层次六张纸摆向未来方向。深呼吸，放松，有一个正向的情绪和身体模型，请问你平时身心状态最好的时候是在做什么？

B：做自己喜欢的事情，尤其是讲课。

A：回想一下你在讲课的状态，通常是怎样的场景？有什么人？你看到、听到和感觉到什么？当你连接到请微微点头示意，接下来我邀请你向前一步，现在我们走到"环境"到层次，请问在生活中你主要的活动空间是在哪里？

B：工作室。

A：除了工作室，还有哪里？

B：讲课的路上和讲台上。

A：还有呢？

B：家里。

A：这是你生活中的三个主要环境是吗？我邀请你向前一步，请问你在生活中大部分的生命活动是什么？

B：活动？

A：就是你通常会做些什么事情。

B：我会为讲课去做 ppt 呀，备课。

A：还有什么呢？

243

B：做咨询，然后咨询后做个案的分析总结。

A：很专业地在做咨询，还有没有哪些你常做的事情？

B：会在家里做些家务、看书或躺在沙发上看电视。

A：很充实地生活，再向前一步，你认为自己身上具备哪些能力？

B：我有8年的心理学领域的成长经验，我很善于学习和分享，还很善于与人沟通。

A：有学习力、讲课的能力和沟通能力，非常好！我邀请你向前去到"信念/价值观"层面，你了解自己身上具备哪些卓越的信念吗？或者得到哪些卓越信念的回报？

B：相信持续的学习就能成为优秀的心理咨询师和讲师。

A：很棒的信念，想想还有哪些信念帮助到你生命的成长？

B：还有不断实践和行动才能拿到更好的成果。

A：这是一条真理式的信念，这也是你今天如此卓越的缘由。我想请问你有怎样清晰的价值观？

B：利他，只有真心去惠及他人才算真正的成功。

A：我也非常认同这一点。那请你再向前一步，我们现在踏进到"身份"层次，你最想在将来成为什么样的一个人，也就是你最想给到自己的社会面相是什么？

B：我想成为像米尔顿·艾瑞支森那样厉害的咨询师。

A：哇，我也有这样的目标。那么你现在身上有哪些身份？

B：现在我是一名优秀的讲师，还是很好的青少年咨询师。

A：邀请你在这里多停留一会，拥有这些身份是要花很多时间多，这是你不断成长创造的结果，并且要有很多卓越的内在和外在的工作。我们在人生中收获这些身份，说明我们有足够的能力、强劲的信念和正确的价值观，我们除了为自己和家人做了一些事情，也为这个社会做出你自己独特的贡献。所以，你准备好超越你自己，为他人为这个世界做点事情了吗？

B：我愿意！

A：这时邀请你向前走出坚定的一步，我们迈进到"精神"层次。打开意

第三篇 场域心智

识的范围：我在宇宙之中，宇宙在我之中，我是一个有梦想的人，带着更高的精神来到这个世界。你本来就是一个灵魂有馨香的女人，来到这个世界上，不只是为自己，更要为他人、社会、国家和世界做出我独特的贡献，我内在有被拣选的卓越品质和能力，这个时候你的身体可能会感到有点火热，慢慢转身，感受与这个世界的联系，带着来自生命最高层的精神力量，慢慢地转身，面向过去的方向。感受一下生命带着精神的力量是怎样的感觉？每个人都可以成为一个伟大的人，而不是只有某些人才拥有这样的资格。我邀请你向前一步来到"身份"，带着精神的力量，带着利他的使命，想想在这个世界，你的存在是一份怎样的意义？未来你会带着怎样的身份来诠释你的生命？

B：青少年心理学专家。

A：青少年心理学专家，还有呢？

B：一个能影响整个青少年心理学领域走向的人物。

A：成为在中国赫赫有名的青少年问题专家、心理咨询师是吗？

B：是的！

A：我邀请你做一个深呼吸，我要成为全中国最有影响力的青少年问题专家，这是一个非常高的身份，因为中国是世界上最有影响力的国家之一。当你达成目标和愿景的时候能够帮到许许多多的青少年，也一定培养出很多优秀的导师，这是一个宏伟的目标，但我认为这是你来到这个世界的使命，我邀请你带着这份使命向前一步，这一步我们来到"信念/价值观"层面，成为中国最著名到青少年心理学专家必须具备什么样的信念、价值观？

B：只要不断地去累积个案咨询经验、不断去钻研青少年心理咨询技能、拓展自己的资源、向更多的青少年心理问题专家学习，我就一定可以成为这样的专家。

A：这些描述更像是能力，可是我也捕捉到你内在有一条信念——"我一定可以成为，一定可以达标"。所以，在这里我想问你：你需要有哪些信念的支撑才能成为中国最有影响力的青少年心理领域的专家？

B：我相信执着地走在这条路上，不管多长时间，不管经历多少困难，只要坚持下去，我一定可以成功！

A：太好了，信念非常坚定！想想怎样的价值观最能帮助你成功？什么是人生真正重要的东西？

B：大部分青少年的心理问题是家庭的原因，需要做更多的基础工作，我会真诚地为家长和孩子服务，这个可以算是我的价值观吗？

A：可以的。那我邀请你再向前一步，当你具备这样的信念价值观，我们要很清晰地知道这需要做很多的事情，意味着我们必须具备一些能力来支撑它，那我们需要具备什么能力呢？

B：要有更专业的咨询能力，有更多儿童心理学发展的基础知识，以及面对青少年新问题的解决能力。

A：很好，还有呢？

B：成为全中国最有影响力的青少年问题专家，我必须还要具备演说和写作的能力，我还要具备链连各大平台的能力，我知道还需要很多，但我已经准备好不断地学习和探索。

A：那我请你再向前一步，在现实生活中你要做些什么行为才能够培养出这份能力？在前面你也讲了很多的行为，去研究、链接、钻研和学习等等，还有哪些要补充的吗？你需要做些什么事情才能具备这些能力？想想你打算怎么做？

B：我要不断去做更多青少年的个案，累积更多的咨询经验，学更专业更精准的咨询技术。我要建立一个团队，靠近更多有能量的专家和导师，吸收他们身上优秀的品质和渊博的知识。另外，我让这个团队持续学习和成长，有共同的使命，共同探索，相信不远的将来我们就可以研发出更短时间解决青少年心理问题的方法和途径。

A：我们知道有行动力的人就是离目标最近的人，因为我们每一步都让我们趋向未来。我邀请你再向前一步，回到现实生活当中，想想在你的环境中，哪些资源为你所用？什么最能给你帮助？

B：我的生活中有很多优秀的导师，他们都可以支持到我，然后有各种学习途径，比如线上的课程、线下的学习以及参加更高层次的学术研讨会。比如说我认识育林老师，育林老师可能会转介绍吉利根老师给我，我会利用这些资源不断地让自己成长和沉淀。我还想带头成立一个青少年心理协会，促进中国乃至世界青少年心理健康的发展。

A：继续闭着眼睛，慢慢地转身，在未来某个时间你已经成为中国乃至世界最有影响力的青少年心理问题专家，那是我们将来要去到的地方。现在我们在2022年11月，你现在每天做的事情都是在积极地接近成功的未来，深呼吸，把新的身份和精神深深带入你的内在，这是你生命的意义，也是你终极的使命，当你准备好的时候慢慢地睁开眼睛。没有太多的自我的思考，更多地去思考我可以如何去爱别人，如何可以为这个世界带来帮助和独特的贡献，这是一个超越自我的思考，我们要思考的是这个世界除了我们还有谁，这么庞大的宇宙除了我们还有谁，如果我们能连接到这个部分的力量，我们就可以创造一个更加准确而有意义的生命，这个就是我说的理解层次。

完成：深呼吸，感受内在的力量。看这六张纸。用眼睛重复刚才的过程。重温内在的变化和感受。

【什么才是"成功的人生"？】

大部分人很少去留意内部和外部思想活动，理解层次越高的人精神也就愈加地高尚。"理解层次"是生活中解决问题的利器，由上而下是"蝴蝶效应"，由下而上是"百猴效应"。快速找到问题的突破口，通常问题的卡点就是在问题的更高层次，比如一个人不思进取，就知道在家刷手机，啃老过日子。行为无效是能力不足的问题，能力不足是信念不强的缘故。将六个层次融会贯通，身心可以足够一致，既开心又有成果；反之生活不会有太多的快乐，也不会有很大的累计成果。"理解层次"和"时间线"配合起来用有奇效，设定目标通常从高层级的地方开始，我们带着人性而来，也带着灵性而来。学习"理解层次"的重要意义就是要明白到底什么是真正的"成功和有意义的人生"？不是说只要我自己好就好，他人和社会好与不好跟我没有关系，而是要超越自我为世界做出一些贡献。

若是与他人和世界没有连接，人永远是孤独的。生命意义的奥秘隐藏于为他人做事之中，真正的快乐，是对他人的关爱。**人的精神最高境界与超越**

创造力的艺术

自我的利益相近，精神境界必然会带来超越小我的未来，就如老子说的那样"**修身、齐家、治国、平天下**"，去到服务他人的愿景和使命。没有为他人服务的生命，是没有希望的生命。人与人不能跨越自私自我的鸿沟，再进步的科技也无济于事。

第一次听到"催眠"这个词许多人会想到的可能是"睡去"，生生不息的催眠却是要你醒来，并且不是要让你正常，是要让你"发疯"。真正的催眠不是让人们更深地睡去，而是更深的唤醒。这个世界上有太多的生命处在负向的催眠中，像个行尸走肉一样地活着，也会失去人生意义感。所以，我们急需让自己的意识醒来，发展觉醒能力，与美好的意识和跟正向的目标相连，帮助人生趋向更多的美好，这或许就是我们学习心理学的重要原因之所在。

分享三个故事，准备说再见了！

1. 着眼未来的事情

当年亚马逊创办初期阶段，新手创业起步难，贝佐斯就找到了国际投家孙正义，他们选择在瑞士一个小旅馆进行私下洽谈。贝佐斯希望孙正义成为亚马逊的投资人，只要孙正义出资 1.3 亿美元就可以占亚马逊 30% 的股份。孙正义习惯讨价还价，最后说只愿意掏 1 亿美元，贝索斯则坚持要 1.3 亿美元，孙正义就说那我要回东京和团队商量一下。孙正义原本以为贝佐斯会主动和他再次洽谈，没想到孙正义再也没有等到贝佐斯的电话，最后因 3000 万美元而错失了投资亚马逊的机会。按现在亚马逊的总市值 1.09 万亿来计算，若是当年孙正义足够的爽快，有长远的眼光看待贝佐斯和他的亚马逊，那么今天孙正义的口袋将多出 3000 亿美金。孙正义至今认为这是他最愚蠢的决定，他也坦诚说当时自己因为缺乏远见才会导致这样一个巨大的错误。后来孙正义决心成立"软银愿景基金"，对未来的信息技术引发的 300 年后的世界进行大胆的预测，他们的战略就是偏向未来。人要着眼未来的事情，而不是眼前的问题。

2. 让心灵更干净点

2013 年，早上的恒春阳光明媚，小镇的房子清新别致，带着浓浓的乡村淳朴气息。我漫步到了龙泉里，发现一小教堂，敲门进去有位阿婆笑脸迎接，坐下来聊了一会儿，知道教堂刚在修缮中，阿婆说这块小地皮有人出价 2000 万台币要买，教会不仅没卖，而且还在资金短缺下募款建好起来。起身道别，阿婆送我到门口并说了一句："上帝祝福你！"我心生感恩。

回酒店的路上遇到两位油漆工人坐在路边喝酒，我用闽南语叫了一声"阿伯"，他们热情招呼我一起喝一杯，为了体现亲和力，我和他们席地聊起了天。长白胡子的老人是位油漆包工头，名字叫蔡镇洲。聊天中他问我家在哪里，还没等我说话，老人就说："不是在中国不是在福建，而是在我们的心里。"他指着路过的行人："他们匆匆忙忙在赶路叫回家吗？绝对不是，一个人一生不管有多辉煌都要面对心灵的拷问，一个人一生无论走过多少路，最终你都得回到原先的心灵归属之路。"他的双眼似乎要把我的灵魂看穿，语重心长地对我说："年轻人，让心灵更干净点，回家就会更轻松。"后面的交流中，他还建议我做培训费用的门槛一定要低，因为真正需要心灵营养的是从事体力劳作的人，一位有成就的导师不能看学费有多贵，而是要看你帮助和影响多少人。有这样的一句话，所有滋养心灵的也会滋养我们的身体，帮助别人的时候，自己的身体也会更健康。这次对话虽然不算得到一个全新的价值观，但加深了我对培训事业是服务他人心灵的体认，课堂不是商场，而是生命相遇精神相系的道场，充满爱心才能做好教育，才是走一条回家的路，才会让灵魂更干净。

3. 何为美丽

在一次课程结束的时候，已经接近深夜，老师问大家还有什么疑问的地方，有个学生站起来问老师："老师，何为美丽？"老师安坐着手缓缓指向窗外，这个学生看了一下鞠躬致谢老师："谢谢老师！"老师起立鞠躬回应："谢谢老师！"接着另一个学生站立起来，显然他刚才没有看明白，所以他问了老师同样的问题:"老师,何为美丽?"老师同样往窗外再一指,接着这位学生同样说了声"谢谢老师!"并坐下,可这次老师并没有站立起来并用鞠躬来回应这位学生,或许觉得没有受到老师同样的尊重,这个学生再次站立起来:"老师,为何你没说谢谢和鞠躬?而你对之前的同学是这么做的。"老师说:"第一位同学,当我手指窗外的时候,他看到的是我手指所指的方向,是璀璨的星空,而当我手指窗外的时候,你看的仅仅是我的手指。"

拥有更好的反馈是值得追求的,但那一定不是我在这本书手指的"星空",而是希望能够一起用敬畏的目光望向辽阔、深邃的宇宙。而爱,或许就是离"星空"最近的远方,带着爱探索生命的意义,我们越能做到这一点,就越能促进人类有想象力和勇气开拓更高层级的文明。作为个体的我们不应在任何困难前束手无策,而是充满自信地激活内在的资源,找到通往创造力的道路,迸发出面对挑战最大的勇气,直到切入时代前进的节点。谢谢你们愿意看这本书!最后,套用贝佐斯在高中毕业演讲的最后一句:"太空,最后的边疆。在那里见我。"我想用这句话来作为结尾:

创造力,无尽的边界,我们在那里相遇吧!

艰难地展开使命

——陈育林

有人暴露他的骄傲
有人展示他的目标
紧紧抱着自己的使命
闪着光,不说话
这一次轮到你了
掀开新的风帆
展开,展开,再展开
如哥伦布站在船艏向着未知的新大陆
前进啊,前进啊,前进啊
或许,我是无法横过海洋
但一定要让视线离开岸边

把旗帜插在最迎风的地方
让它去给尽头捎去讯息
即使遥不可及
却已然存于
别忘了去收取你的礼物
就这样,只限你一个人
艰难地展开使命

(绘图:卢思嫒,8岁)

结语：愿原力与你同在！

  很开心有机会和大家聊了这么多话，希望大家在生命中多一点创造力，保持饥饿、保持热情继续追寻创造力意识，让本来固定不变的生命列车发生转向，每次小的转向都会造成大的变化，推动着自己和他人不断地进步。我的文笔还在成长期，大家若是有耐心看到这里，内心很是感激。写作者似乎都对自己的问题不会包容，一改再改，出版时间一拖再拖，从没放弃过试图让文字更美更深入的努力，这种努力贯穿于整个写作之中。可文笔终究跟不上思路的展开，只好把能力有限当作还有进步空间的理解。写书其实是一件特别辛苦的活，就像刺绣一样，一笔就是一个针迹，要不小的耐心和意志力。第一本书写了一年七个月，这本书写了一年四个月，花费了很多的心力和时间。所以，买书是世界上最有性价比的投资，要是觉得有些观点可以给你穿透性的启发，那它同样也可以给亲戚和朋友以帮助，多给出你温暖的支持，毕竟几十块钱就能够把很饱满的心血买走。同时，我又认为写书是世界上最有意义的事情，即使我们彼此没有见过面，也能心意相通成为朋友。在我看来，毫无保留和诚实地分享是排在第一位的。

  NLP 这门学问对我来说，已经不能说是技巧或职业了，已经成为我血液的一部分，过去的十几年里我用 NLP 看事物、思考和呼吸，靠着它我变得无所畏惧和有所创意。若是没有遇到 NLP，再怎样幸运地发展，我一定也回避不了许多潜在的风险，面对问题或目标，肯定不会像现在这样更趋向积极地寻找解决方法。生活若是失去平衡，成功就变成毫无意义，甚至会成为一个

结语：愿原力与你同在！

彻底的失败者。NLP 让我能够看清楚自己和他人的价值，把 NLP 作为职业的选择我感到无比满意和感恩，从某种程度上讲，它超越了生计，使人朝着艺术家的方向迈进。我也看到了很多人因学习了 NLP，生活发生了巨大的变化，有充分的理由相信，选择学习 NLP，就有一个更值得期待的未来。

第一本书里我说到，"后疫情时代"会面临更大的挑战，三年后的我们一定更加意识到这一点，并且似乎一切才刚刚开始。当危机袭来时，从现实中去学习是最根本的解决问题之道，面对环境的巨大变化，有人惶惶不安，有人从容应对，从长远来看，认为生活是合理的，这会是人生正确的信念。奥地利著名诗人里尔克说：艰难的生活无止境，但因此生长也无止境，愿你有充分的忍耐去担当，有充分单纯的心去信仰。有些人之所以做出正确的选择，是知道自己的生命有限，把生命投入足够的学习和成长中，才形成最大化的竞争力。无论人生以怎样的形式出现，只要学习的意愿很足，一切根本不是问题。每个人仍然可以通过学习来改善自己的生活，从资源的角度来看，限制和维持成长的要素就是可持续的学习力。学习的目的，不单单让我们拥有智慧，当深陷沼泽的时候，就会有足够的信心和力量。

我儿时大部分时间是由外婆在带，外婆爱干净，喜欢用米汤浆洗被子，盖在身上又香又暖和，每到夜晚我就摸着她的耳垂甜蜜地进入梦乡，外婆柔软的爱成为我生命初期最强的堡垒。记得有一次我玩累了，被外婆抱着坐在农村的老屋前，外婆和邻里聊着家常，我幼稚的双眼正好看到满天的繁星……这样的记忆常在脑海里重现，温暖、深邃，还有隐隐约约的启示。直到我行走在世界之中，意识范围和规模不断地扩大，我似乎才接收到强烈的信息：外婆给了你一颗柔软的心，眼睛要多仰望星空，因为无穷的真理就在那里。

有一天早上洗漱，听着一位视频博主讲述约翰·洛克菲勒创立北京协和医院的故事，突然泪流满面，泪水和牙膏泡沫混在一起。我不知道自己为什么会这样，我也知道为什么会这样，触动心灵的力量是无形与无穷的。"相信推动人类文明的是无私的爱、纯正的信仰，以及跨越国际种族的宏大理想……"对于世界，胸怀还是要大一些；对于他人，爱还是要多一些。自己大了，世界就大了。小时候那个山区里上坪村是我们的家，后来搬到市区，漳州成为我们的家，今天那个在外婆怀里看过最璀璨的星空的男孩已经把世界当成了家。对于那些因经验导致太多的无能为力，而对自己的人生感到毫无希望的人来说，仰望星空无疑是为出身平凡的我们提供了一条最好的出路。德国思想家黑格尔说过：一个民族有一些仰望星空的人，他们才有希望；一个民族只是关心脚下的事情，那是没有未来的。并不是只有某些人有资格仰望星空，每一个人都可以，仰望星空带来勇敢、敬畏和开拓者思维。成长也需要一步一个脚印，纵前路道阻且长，愿我们一起脚踏实地，仰望星空！

暂时要做一个告别了，很自豪用文字和思想接触到卓越的你们，和现在相比，将来我们的情感会更深，期待我们在成长的路上有更近距离的接触，就像"生生不息"这个词，在你的身体里，在你的血液中永远存留。从这里开始，我们守望相助，一起启动更伟大的生命工程。最后能够触及的世界到底是局限或是无限，都是以意识作为探索背景。在书中我们一再提出口号：在梦的世界里一切都有可能性！一起来探索未知的未来，愿我们寻求创造力给予帮助，就像邀请梦想团队的一员跟进整个项目的运营，这样做一定会发现自己其实并不平庸。

"愿原力与你同在"，出自电影《星球大战》中的一句台词"May the force be with you"，原力（Force）被看作是一种人类至高无上的力量，原力是一种头脑心智，也是一种身体的智慧，更是超自然而无处不在的场域能量，最初是给拥有正义信仰者的祝福和祈祷，后来也成为学习生生不息催眠的同学常用的互相激励、鼓舞的一句话。

人生最大的胜利，或许就是无论历经多少挫折、几多失意，都能将原力长存于心。不为模糊不清的未来而担忧，只为清清楚楚的现实而努力，人生绝不是被限定的命运，我们都是宇宙中独一无二的那颗星！

愿原力与你同在！（May the force be with you）